AF203881

Yassine Zaouali
Habib BEN AISSIA
Jacques JAY

Instabilités dans un jet à nombres de reynolds modérés

Yassine Zaouali
Habib BEN AISSIA
Jacques JAY

Instabilités dans un jet à nombres de reynolds modérés

Etude numérique et expérimentale par PIV et analyse des frontières

Presses Académiques Francophones

Impressum / Mentions légales

Bibliografische Information der Deutschen Nationalbibliothek: Die Deutsche Nationalbibliothek verzeichnet diese Publikation in der Deutschen Nationalbibliografie; detaillierte bibliografische Daten sind im Internet über http://dnb.d-nb.de abrufbar.

Alle in diesem Buch genannten Marken und Produktnamen unterliegen warenzeichen-, marken- oder patentrechtlichem Schutz bzw. sind Warenzeichen oder eingetragene Warenzeichen der jeweiligen Inhaber. Die Wiedergabe von Marken, Produktnamen, Gebrauchsnamen, Handelsnamen, Warenbezeichnungen u.s.w. in diesem Werk berechtigt auch ohne besondere Kennzeichnung nicht zu der Annahme, dass solche Namen im Sinne der Warenzeichen- und Markenschutzgesetzgebung als frei zu betrachten wären und daher von jedermann benutzt werden dürften.

Information bibliographique publiée par la Deutsche Nationalbibliothek: La Deutsche Nationalbibliothek inscrit cette publication à la Deutsche Nationalbibliografie; des données bibliographiques détaillées sont disponibles sur internet à l'adresse http://dnb.d-nb.de.

Toutes marques et noms de produits mentionnés dans ce livre demeurent sous la protection des marques, des marques déposées et des brevets, et sont des marques ou des marques déposées de leurs détenteurs respectifs. L'utilisation des marques, noms de produits, noms communs, noms commerciaux, descriptions de produits, etc, même sans qu'ils soient mentionnés de façon particulière dans ce livre ne signifie en aucune façon que ces noms peuvent être utilisés sans restriction à l'égard de la législation pour la protection des marques et des marques déposées et pourraient donc être utilisés par quiconque.

Coverbild / Photo de couverture: www.ingimage.com

Verlag / Editeur:
Presses Académiques Francophones
ist ein Imprint der / est une marque déposée de
AV Akademikerverlag GmbH & Co. KG
Heinrich-Böcking-Str. 6-8, 66121 Saarbrücken, Deutschland / Allemagne
Email: info@presses-academiques.com

Herstellung: siehe letzte Seite /
Impression: voir la dernière page
ISBN: 978-3-8416-2011-8

INSTABILITÉS DANS UN JET À NOMBRES DE REYNOLDS MODÉRÉS

Etude numérique et expérimentale par PIV et analyse des frontières

Yassine ZAOUALI, Habib BEN AISSIA, Jacques JAY

1

AVANT-PROPOS

L'étude présentée dans ce livre a été réalisée dans le cadre d'une thèse de Doctorat en Énergétique–Images en collaboration entre l'Unité de Métrologie en Mécanique des Fluides et Thermique (03/UR/11-09) de l'Ecole Nationale d'Ingénieurs de Monastir, Université de Monastir (TUNISIE), et le Laboratoire de Traitement du Signal et Instrumentation (UMR CNRS 5516) de l'Université Jean Monnet de Saint-Étienne (FRANCE). Ce travail a été accompli sous la direction de Messieurs Habib BEN AISSIA, Monsieur le Professeur Jean-Paul SCHON et la co-direction de Monsieur Jacques JAY. Je leur suis tout particulièrement reconnaissant de la confiance qu'ils ont su me témoigner en m'intégrant dans leurs équipes de recherche et de l'opportunité qu'ils m'ont offerte de me former à la recherche.

TABLE DES MATIERES

Chapitre 1 – Stabilité Hydrodynamique

Chapitre 2 – Etude Numérique du Jet

Chapitre 3 – Techniques de Mesure et Dispositifs Expérimentaux

Chapitre 4 – **Résultats Expérimentaux**

Chapitre 5 – **Conclusions et Perspectives**

NOMENCLATURE

a Diffusivité thermique $(m^2.s^{-1})$

c Concentration $(kg.m^{-3})$

C Concentration adimensionnée

Cc Concentration au centre $(= c/C_0)$

Cp Capacité thermique massique $(J.kg^{-1}.K^{-1})$

d_p Diamètre des particules (m)

D Diamètre de la buse (m)

Di Diffusivité apparente $(m^2.s^{-1})$

g Accélération de la pesanteur $(m.s^{-2})$

Ma Nombre de Marangoni

P Pression (Pa)

Ra Nombre de Rayleigh

Re Nombre de Reynolds

Sc Nombre de Schmidt

t Temps (s)

T Température (K)

Ta Nombre de Taylor

u Vitesse longitudinale $(m.s^{-1})$

U Vitesse longitudinale adimensionnée

U_0 Vitesse d'injection $(m.s^{-1})$

Uc Vitesse au centre $(= u/U_0)$

Ur Vitesse réduite $(= U/Uc)$

v Vitesse transversale $(m.s^{-1})$

V Vitesse transversale adimensionnée

x Coordonnée longitudinale (m)

X Coordonnée longitudinale adimensionnée

y Coordonnée transversale (m)

Y Coordonnée transversale adimensionnée

$Y*$ Correspondant à l'ordonnée pour laquelle $U = Uc/2$

Symboles grecs

β Coefficient de dilatation thermique (K^{-1})

λ Longueur d'onde (m)

μ Viscosité dynamique (Pa.s)

ν Viscosité cinématique $(m^2.s^{-1})$

ρ Masse volumique $(kg.m^{-3})$

σ Tension superficielle $(N.m^{-1})$

INTRODUCTION GENERALE

En hydrodynamique, la phénoménologie des écoulements (évolution des structures tourbillonnaires, processus de transition laminaire-turbulent, etc.) reste une source de questions ouvertes depuis plusieurs siècles (travaux de Léonard de Vinci). Parmi ces questions, et outre celle d'une description précise de la turbulence, se trouve le problème de comprendre comment un système donné peut passer d'un état laminaire vers un état turbulent. Par passage vers la turbulence, nous entendons ici surtout les premières étapes de cette transition.

Notre étude s'inscrit dans ce cadre : comprendre avec un système modèle d'écoulement de type jet, comment la succession d'instabilités provoque la transition vers la turbulence.

Les études concernant l'instabilité des jets pour des faibles nombres de Reynolds sont peu nombreuses et parfois contradictoires, ce qui fait que les mécanismes intrinsèques de l'instabilité du jet libre soient peu quantifiés actuellement, par rapport aux autres écoulements cisaillés (le sillage derrière un cylindre infini par exemple).

Les expériences de jet avec faibles vitesses de sortie sont difficiles à réaliser, à cause des perturbations extérieures. Par contre, le faible nombre de Reynolds rend les simulations numériques accessibles, surtout avec la puissance croissante des ordinateurs actuels.

Dans l'industrie, ce type d'écoulements est présent dans plusieurs applications telles que la pulvérisation, l'isolation thermique, la soudure dans les milieux aérodynamique et hydrodynamique, le séchage par jet rond unitaire ou en réseau matriciel etc.

Objectifs :

Les principaux objectifs de ce travail sont :

✛ La contribution par des moyens numériques et expérimentaux à la caractérisation de la transition à la turbulence, à partir du développement d'instabilités hydrodynamiques dans un écoulement de type jet axisymétrique libre évoluant à bas nombres de Reynolds.

✦ Le développement d'un outil de simulation numérique ayant pour besoin la description du comportement aérodynamique d'un écoulement de type jet rond, isotherme en régime laminaire.

✦ L'étude les instabilités hydrodynamiques et la transition à la turbulence dans ce type d'écoulements en associant la visualisation des écoulements aux traitements d'images. L'apparition des instabilités et leur évolution vers l'état chaotique (turbulent) sont suivies en fonction du paramètre principal à savoir le nombre de Reynolds.

Le présent livre est organisé de la façon suivante :

Le *Chapitre 1* est consacré à la description des principales instabilités rencontrées dans l'industrie et la nature. Après un exposé des équations de l'hydrodynamique, quelques notions sur la stabilité des écoulements sont développées. A la fin de ce chapitre, les instabilités dans les écoulements de type jet rond sont étudiées.

Dans le *Chapitre 2*, nous développons une étude numérique d'un jet d'air libre en régime laminaire et isotherme. Après un passage en revue des travaux numériques antérieurs élaborés pour l'étude des jets, les équations fondamentales de la mécanique des fluides ainsi que les équations de Naviers-Stokes dans le cas d'un jet axisymétrique sont exposées. Nous présentons ensuite les hypothèses simplificatrices prises en compte ainsi que la méthode de résolution numérique du système d'équations. Les résultats du modèle numérique portent essentiellement sur l'influence des conditions d'émission sur le comportement aérodynamique du jet ainsi que l'évolution du champ de concentration.

Dans le *Chapitre 3*, les installations expérimentales sur lesquelles nous avons travaillé sont décrites. En outre, nous présentons les outils de mesure utilisés et mis en œuvre pour l'étude expérimentale des écoulements de type jet. Dans ce contexte, la technique de mesure de vitesse par vélocimétrie par image de particules est présentée. Pour l'étude des écoulements, la tomographie laser qualitative associée aux traitements d'images est utilisée. Celle-ci nous permet d'appréhender de manière globale les instabilités des jets notamment par le biais de paramètres tels que la longueur d'onde ou la vitesse de phase…

Dans le *Chapitre 4*, la technique de mesure de vitesse par PIV est appliquée sur les deux installations du jet d'eau et du jet d'air. Des comparaisons concernant les résultats trouvés par expérience et par calcul numérique sont présentés.

Dans une deuxième partie, nous exposons également nos travaux qui ont porté sur l'étude expérimentale des instabilités hydrodynamiques du jet d'air, afin de décrire le comportement des différentes étapes de la transition vers la turbulence dans les écoulements cisaillés. Dans ce contexte, nous analysons les caractéristiques des modes d'instabilités qui se développent dans la zone de transition du jet. Nous traitons en détails les modes d'instabilités primaires (modes sinueux et variqueux), les instabilités de Kelvin-Helmholtz et leur scénario de formation…

Finalement, dans le *Chapitre 5*, nous récapitulons les résultats trouvés et les perspectives envisagées dans la suite de nos travaux de recherche.
Les *Références bibliographiques* ont été placées à la fin de chaque chapitre, afin de faciliter leur accès.

Chapitre 1

STABILITE HYDRODYNAMIQUE

Ce chapitre a pour objectif d'exposer les notions fondamentales de l'hydrodynamique ainsi que les différentes définitions et principaux types d'instabilités rencontrées dans l'industrie et la nature.

Dans la première partie, les équations régissant les écoulements de fluides visqueux sont exposées.

Dans la deuxième partie, on développe quelques notions sur la stabilité des écoulements.

Dans la troisième partie de ce chapitre, nous présentons, selon les classes de la stabilité, les différents types d'instabilités de mouvements de fluides.

Nous nous intéressons, à la fin du chapitre, aux instabilités dans le cas des écoulements de type jet rond.

1.1 Les équations de l'hydrodynamique

Les équations de Navier-Stokes expriment les principes de conservation de la masse et de la quantité de mouvement pour un milieu continu. Elles s'écrivent, de façon générale, pour une particule fluide :

$$D_t \, \rho \, \vec{V} = \nabla.\sigma + \vec{f} \qquad (Eq. \ 1.1)$$

$$\partial_t \rho + \vec{\nabla}.\rho \vec{V} = 0 \qquad (Eq. \ 1.2)$$

où $\vec{V}$ est le champ de vitesse de l'écoulement, ρ la densité du fluide, D_t est la dérivée Lagrangienne, f représente les forces extérieures et σ est le tenseur des contraintes, qui modélise les interactions entre particules fluides :

$$\sigma_{ij} = -P \, \delta_{ij} + \mu \left[\left(\partial_j V_i + \partial_i V_j \right) + \frac{2}{3} \nabla . V \, \delta_{ij} \right] \qquad (Eq. \ 1.3)$$

où P est le champ de pression et μ la viscosité dynamique du fluide. Pour un écoulement incompressible - pour lequel la densité est constante - et Newtonien - dont la viscosité ne dépend que de la température - ces équations deviennent :

$$\partial_t \vec{V} + \left(\vec{V}.\vec{\nabla}\right)\vec{V} = -\frac{1}{\rho}\vec{\nabla}\vec{P} + \nu\vec{\Delta}\vec{V} + \vec{f} \qquad (Eq.\ 1.4)$$

$$\vec{\nabla}.\vec{V} = 0 \qquad (Eq.\ 1.5)$$

où nous avons introduit $\nu = \mu/\rho$ la viscosité cinématique du fluide.

Les équations de l'hydrodynamique permettent dans certains cas de dériver l'expression analytique d'un écoulement. Ceci est vrai tant que la géométrie du problème reste simple. Pour les écoulements cisaillés, les symétries naturelles conduisent à des solutions pour lesquelles les termes non-linéaires $-\left(\vec{V}.\vec{\nabla}\right)\vec{V}$ - sont nuls. Pour des forçages importants, ces écoulements peuvent être instables et bifurquer vers des solutions plus complexes, qui ne possèdent plus les symétries de base, et pour lesquelles les non-linéarités sont non-nulles.

On comprend bien également que la valeur de la viscosité qui quantifie les échanges de moment entre les particules fluides, qui aplanit les irrégularités de l'écoulement, et qui assure la cohésion du fluide doit être un paramètre d'importance critique.

1.2 Notions de stabilité

L'objectif de l'analyse de stabilité est de déterminer dans quel domaine de paramètres une solution particulière des équations de Navier-Stokes est effectivement observable. Un écoulement est dit stable si et seulement s'il est stable vis à vis de toute perturbation. Certains écoulements sont instables vis à vis de perturbations infinitésimales. Dans la pratique, il existe toujours un "bruit de fond" et ce type de solution bifurque toujours vers un autre état. D'autres écoulements stables vis à vis de toute perturbation infinitésimale sont instables pourvu que l'amplitude de ces perturbations soit supérieure à un certain seuil. Dans ce cas, pour un même domaine de paramètres, il existe deux solutions différentes observables. Le "choix" fait par le système entre les deux états possibles sera alors conditionné par son histoire. Pour le premier type d'écoulement, on dira qu'il est instable aux perturbations infinitésimales ou encore linéairement instables. Pour le second type, on parlera d'instabilité aux amplitudes finies, ou bien d'instabilité non-linéaire. [Richard 2001]

Analyses linéaires et non-linéaires

Connaissant un état stationnaire nous pouvons y superposer des perturbations et étudier leur évolution temporelle grâce aux équations du mouvement. Sachant que la stabilité s'entend pour toutes les perturbations possibles, l'analyse doit être faite sur une base complète de modes normaux. Par exemple, sur la base des modes de Fourier, on étudie la stabilité d'un mode arbitraire (k, τ), k étant le nombre d'onde spatial de la perturbation, et τ son taux de croissance temporel. Si l'on suppose que l'amplitude ζ de la perturbation est infinitésimale, on peut alors se contenter d'un développement au premier ordre et négliger les termes non-linéaires en ζ. Les équations du mouvement fournissent alors une relation de dispersion entre k et τ permettant de déduire dans tous les régimes pour quels modes spatiaux il y aura croissance de la perturbation. L'hypothèse forte de l'analyse linéaire est donc que les perturbations doivent être d'amplitude infinitésimale.

Mais l'analyse linéaire ne suffit pas à décrire grand nombre d'instabilités observées en laboratoire ou dans la nature. L'étude de ces instabilités nécessite de prendre en compte les termes non-linéaires précédemment négligés. L'analyse devient beaucoup plus complexe et il n'existe pas aujourd'hui de théorie générale de la stabilité non-linéaire. [Richard 2001].

1.3 Approche physique de la stabilité

Dans la nature comme dans l'industrie, nous pouvons trouver beaucoup de types d'instabilités. Nous allons citer celles les plus connues. Les instabilités peuvent être présentées en deux classes :

➡ Les instabilités qui prennent naissance à l'intérieur du fluide : ce sont les **instabilités internes**.

➡ Les instabilités qui arrivent sur des surfaces particulières marquant les frontières de différents fluides : ce sont les **instabilités superficielles**.

Pour chacune des classes, nous allons étudier les instabilités les plus célèbres qu'on peut rencontrer dans l'industrie ou dans la nature.

Toutes les instabilités expliquées dans ce chapitre sont indiquées dans le tableau suivant :

Instabilités internes	Instabilités superficielles
Instabilité de Rayleigh-Bénard Instabilité de Bénard-Marangoni Instabilité de Taylor-Couette	Instabilité de Kelvin-Helmholtz Instabilité de Rayleigh-Taylor

Tableau 1.1 – Les classes d'instabilités

1.3.1 Les instabilités internes

1.3.1.1 Instabilité de Rayleigh-Bénard

L'expérience montre qu'un fluide inséré entre deux plans parallèles et horizontaux et soumis à un gradient de température, peut être le siège de mouvements thermo-convectifs.

Soient T_1 et T_2 les températures respectives de la plaque inférieure et supérieure (*Figure 1.1*).

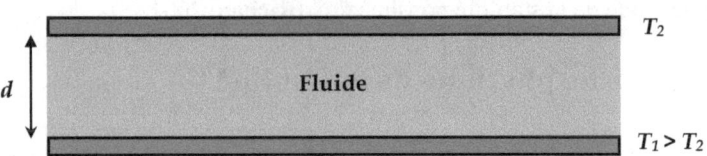

Figure 1.1 – Schéma du domaine de l'instabilité de Rayleigh-Bénard

Si $T_2 > T_1$, alors le fluide lourd est au dessous du fluide léger de sorte que la stratification thermique est stable.

Par contre, si $T_2 < T_1$, et pour une valeur critique de la différence de température ($\Delta Tc = T_1 - T_2$), des mouvements à l'intérieur du fluide apparaissent : le système devient instable et des rouleaux contrarotatifs prennent naissance au sein du fluide (*Figure 1.2*). C'est l'instabilité thermo-convective de Rayleigh-Bénard.

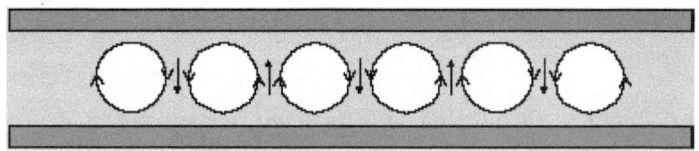

*Figure 1.2 – Les rouleaux thermo-convectifs de Rayleigh-Bén*ard

Le principe de cette instabilité est simple. Considérons une particule du fluide près de la paroi inférieure. Cette particule étant chauffée, sa densité diminue et par conséquent subit un mouvement ascendant en raison de la force d'Archimède. Quand elle atteint la paroi supérieure, plus froide, elle est rafraîchie et ainsi sa densité augmente. Il en résulte un mouvement descendant vers la plaque chaude. Les rouleaux d'instabilité de Rayleigh-Bénard sont le résultat du mécanisme de mouvement convectif.

La *Figure 1.3* présente un exemple de visualisation de l'instabilité de Rayleigh-Bénard.

*Figure 1.3 – Exemple de visualisation de l'instabilité de Rayleigh-Bén*ard

Le paramètre qui caractérise l'apparition de ce type d'instabilité est le nombre de Rayleigh, défini par :

$$Ra = \frac{g\,\beta\,\Delta T\,d^3}{\nu\,a}$$

(Eq. 1.6)

avec :
g : l'accélération de la pesanteur,
β : le coefficient de dilatation thermique du fluide,
ΔT : l'écart de température entre les deux plaques,
d : la distance entre les deux plaques,

17

v : la viscosité cinématique du fluide,

a : la diffusivité thermique du fluide.

La valeur critique du nombre de Rayleigh correspondant à l'apparition d'instabilité de Rayleigh-Bénard est de l'ordre de *1700*.

Le phénomène d'instabilité de Rayleigh-Bénard est très important dans le domaine industriel. Les exemples sont nombreux : le rafraîchissement de réacteurs nucléaires, le chauffage des bâtiments, l'échange entre l'atmosphère et les océans…

1.3.1.2 Instabilité de Bénard-Marangoni

Cette instabilité étudiée par Bénard au début du XXème siècle est parfois confondue avec l'instabilité de Rayleigh-Bénard. L'instabilité de Bénard-Marangoni est une configuration à surface libre de l'instabilité de Rayleigh-Bénard [Chassaing 1997, Guyon 1991]. En fait, une couche mince de fluide est placée sur un plan horizontal mais sa surface supérieure n'est pas en contact avec un autre plan mais en contact avec l'air. La température de la plaque inférieure doit être supérieure à la température de l'air pour développer des instabilités (*Figure 1.4*).

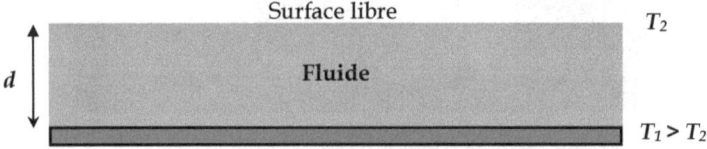

Figure 1.4 – *Schéma du domaine de l'instabilité de Bénard-Marangoni*

Au dessus d'une valeur critique de l'écart de température, il apparaît des cellules hexagonales d'écoulement entre la base de la couche de liquide et la surface libre (*Figure 1.5*).

Figure 1.5 – *Les cellules de Bénard-Marangoni vues à la surface libre*
(cliché J. Salan, An Album of Fluid Motion)

Ce mode d'instabilité apparaît grâce à un gradient de tension superficielle à la surface libre en raison de la perturbation de température. Si par exemple, la température locale sur la surface libre est supérieure à la température d'équilibre, il y a un gradient de tension superficielle qui éjecte le fluide de la région chauffée à l'extérieur où la température est plus froide. Pour conserver la masse, on a une remontée du fluide plus chaud venant de la partie inférieure de la cellule. Ainsi il se met en place un ensemble de cellules assurant une circulation verticale du fluide qui, remontant au centre de la cellule et redescend à sa périphérique.

Dans ce cas d'instabilité, le paramètre adimensionnel qui détermine le seuil est le nombre de Marangoni défini par :

$$Ma = \frac{\sigma' \Delta T d}{\mu \; a}$$

(Eq. 1.7)

avec :

$\sigma' = \dfrac{d\sigma}{dT}$: le taux de variation de la tension superficielle avec la température,

ΔT : l'écart de température entre la surface libre et la paroi solide,

d : l'épaisseur du film fluide,

μ : la viscosité dynamique du fluide,

a : la diffusivité thermique du fluide.

La valeur critique du nombre de Marangoni pour le développement des instabilités est *80*.

Ce mode d'instabilité ressemble à l'instabilité de Rayleigh-Bénard et trouve ses manifestations dans les mêmes applications industrielles que celles indiquées pour l'instabilité de Rayleigh-Bénard.

1.3.1.3 Instabilité de Taylor-Couette

Ce type d'instabilité est rencontré dans l'écoulement de Couette : deux cylindres circulaires infiniment longs, coaxiaux et dont l'espace annuaire est rempli d'un fluide pesant et visqueux. Le mouvement de ce fluide résulte exclusivement de la rotation uniforme de chaque cylindre à des vitesses angulaires Ω_1 et Ω_2 respectivement (*Figure 1.6*).

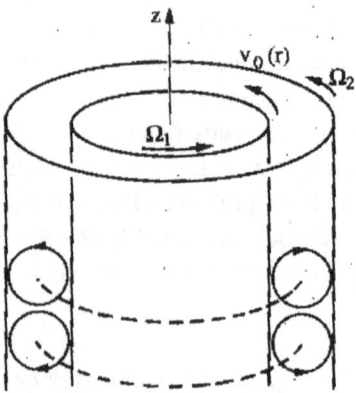

Figure 1.6 – *Schéma du domaine de l'instabilité de Taylor-Couette*

Si le cylindre intérieur est maintenu fixe et le cylindre extérieur mis en rotation, l'écoulement est stable jusqu'à une vitesse suffisamment élevée où il devient turbulent sans qu'apparaissent des structures caractéristiques dans l'écoulement. Ce problème a été étudié par Couette dans sa thèse en 1901.

En revanche, si le cylindre extérieur est maintenu fixe et en augmentant continûment la vitesse de rotation Ω_1 du cylindre intérieur, l'expérience révèle que, pour une certaine valeur de cette vitesse, l'écoulement se structure en un empilement de cellules contrarotatives. Ces structures ont été découvertes par Taylor pour la première fois en 1923.

Le nombre sans dimension qui gouverne ce mode d'instabilité est le nombre de Taylor défini par :

$$Ta = \frac{\Omega^2 R d^3}{v^2}$$

(Eq. 1.8)

avec :

Ω : la vitesse angulaire de rotation du cylindre intérieur,

R : le rayon moyen des cylindres,

d : la distance entre les deux cylindres,

v : la viscosité cinématique du fluide.

L'instabilité de Taylor-Couette se présente sous forme de structures spatiales en rouleaux toriques obtenues pour la valeur critique du nombre de Taylor est estimée à *1700*. Au delà de cette valeur, l'écoulement subit d'autres modifications avec en particulier l'oscillation azimutale des rouleaux autour du plan diamétral de symétrie (*Figure 1.7*).

Cette instabilité est donc l'effet de l'opposition de l'action stabilisatrice des forces de viscosité par rapport à la force centrifuge déstabilisatrice variable dans l'entrefer. Le gradient de la force centrifuge dû à la variation du moment cinétique donne naissance à des gradients de vitesse origine des rouleaux qui apparaissent à l'intérieur du fluide si la force centrifuge est supérieure aux forces de viscosité.

Peu au-dessus du T_a critique   Plus au-dessus du T_a critique

Figure 1.7 – *Les rouleaux de l'instabilité de Taylor- Couette*
(clichés Andereck D. et Swinney H.)

21

1.3.1.4 Comparaison entre les instabilités internes

Les trois types d'instabilités que nous venons de décrire présentent un certain nombre de points communs :

➡ Elles correspondent physiquement à une rupture d'équilibre entre forces stabilisatrices et déstabilisatrices.

➡ Cette rupture d'équilibre n'apparaît qu'au delà d'un certain seuil du paramètre adimensionnel caractéristique.

➡ Elles se traduisent par l'apparition de structures tourbillonnaires au sein même du fluide. De ce fait, elles sont qualifiées d'instabilités "internes".

Le tableau suivant montre les différences entre chaque instabilité et les différents paramètres caractéristiques pour chacune :

	Instabilité de Rayleigh-Bénard	Instabilité de Bénard-Marangoni	Instabilité de Taylor-Couette
Force de freinage visqueuse	$F_{visc} = \mu v_c d$	$F_{visc} = \mu v_c d$	$F_{visc} = \mu v_c d$
Force motrice	Force $_{poussée}$ d'Archimède $\rho_0 \beta g v_c \dfrac{d^4}{a}\dfrac{\Delta T}{d}$	Force $_{tension}$ superficielle $v_c \sigma' \dfrac{d^3}{a}\dfrac{\Delta T}{d}$	Force $_{centrifuge}$ $\rho v_c d^2 \Omega^2 R \dfrac{d^2}{\nu}$
Temps caractéristique de la perturbation avec le fluide environnant	$\dfrac{d^2}{a}$	$\dfrac{d^2}{a}$	$\dfrac{d^2}{\nu}$
Paramètre caractéristique de l'instabilité	$Ra = \dfrac{g\beta\Delta T d^3}{\nu a}$	$Ma = \dfrac{\sigma'\Delta T d}{\mu\ a}$	$Ta = \dfrac{\Omega^2 R d^3}{\nu^2}$
Valeurs critiques de l'apparition des instabilités	$Ra_c = 1700$	$Ma_c = 80$	$Ta_c = 1700$

Tableau 1.2 – *Comparaison entre les instabilités internes*

ρ est la densité du fluide et v_c est la vitesse de convection radiale.

1.3.2 Les instabilités superficielles

1.3.2.1 Instabilité de Kelvin-Helmholtz

Ce type d'instabilités est différent des instabilités vues précédemment. En effet, leur déclenchement se fait indépendamment de toute notion de seuil : la simple présence de perturbations suffit à les provoquer. En plus, elles se manifestent également par le développement des structures tourbillonnaires. Celles-ci prennent naissance sur des surfaces particulières de l'écoulement délimitant des domaines de fluides de propriétés initialement distinctes. C'est pourquoi on parle d'instabilités de front.

L'instabilité de Kelvin-Helmholtz est typique des écoulements dont le champ de vitesse présente un point d'inflexion. La situation la plus représentative en est celle de la zone de mélange spatiale plane. Cette région, qui se développe au confluent de deux courants parallèles de vitesses uniformes mais différentes en module est caractérisée par la présence d'un gradient de vitesse auquel correspond un champ de rotationnel. Hors de cette zone, l'écoulement est irrotationnel, de sorte que l'on peut considérer la zone de mélange comme une interface cinématique de nappe rotationnelle au sein d'un champ irrotationnel (*Figure 1.8, schéma a*).

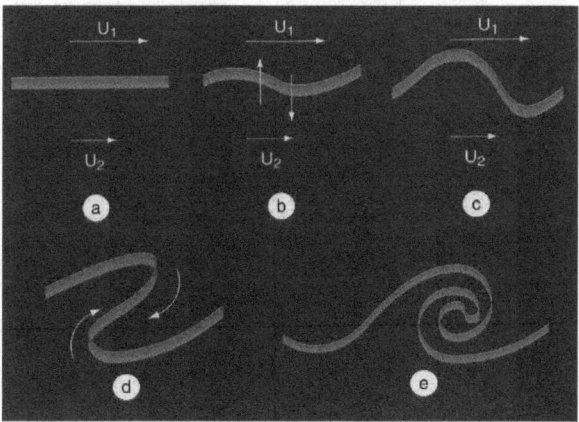

Figure 1.8 – *Schéma de l'évolution de l'interface dans l'instabilité de Kelvin-Helmholtz*

Le mécanisme de cette instabilité est le suivant : Supposons qu'une petite perturbation vienne provoquer une légère ondulation de la nappe (*schéma b*). La partie convexe pointe vers l'écoulement à grande vitesse. Elle est donc soumise à une dépression qui tend à accroître le déséquilibre de position. Le même raisonnement s'applique également à la partie concave de la nappe dont le creusement tend à s'accentuer par effet de surpression.

En négligeant les effets de viscosité, le théorème de Lagrange impose que la nappe tourbillonnaire se déplace avec le mouvement du fluide tout en conservant le montant du rotationnel. Or, par simple effet cinématique, les crêtes se déplacent plus vite que les creux. La distance entre crête-creux va ainsi se réduire et tendre progressivement vers une concentration de vorticité dans des structures tourbillonnaires qui, toujours en vertu du théorème de Lagrange, restent reliées entre elles (*Figure 1.9*).

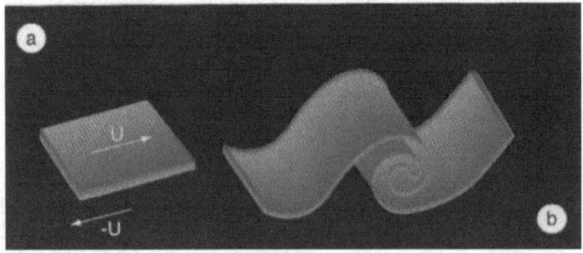

Figure 1.9 – *Tourbillon 3D d'instabilité de Kelvin-Helmholtz*

Les figures suivantes nous montrent les différents pas de formation de l'instabilité de Kelvin-Helmholtz :

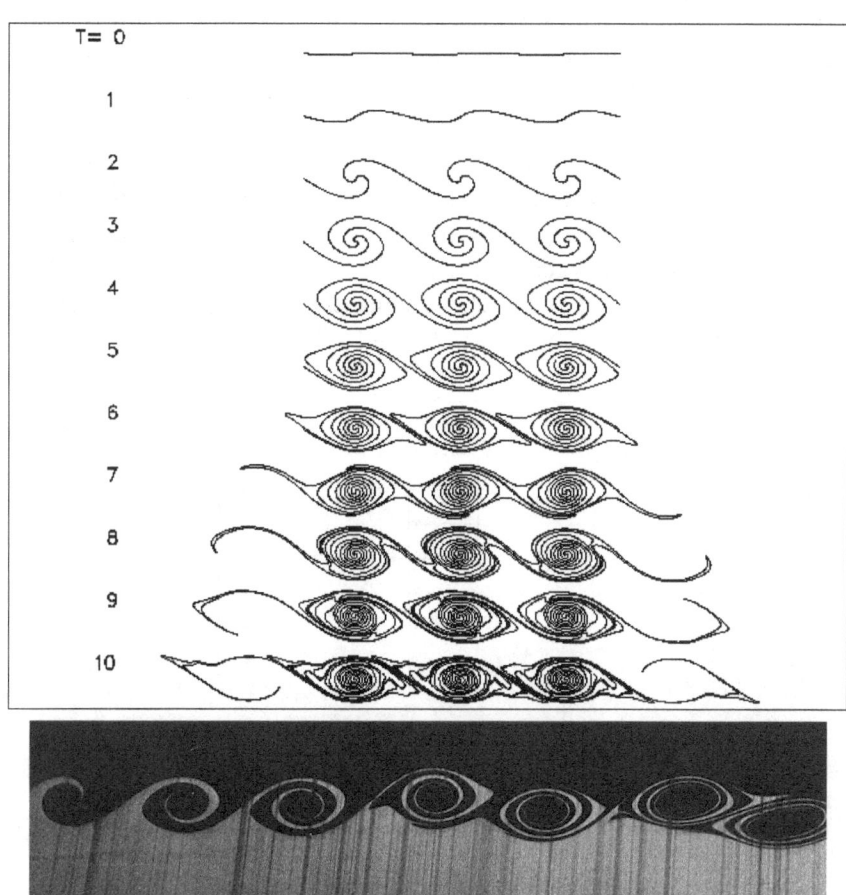

Figure 1.10 – *Les étapes de formation de l'instabilité de Kelvin-Helmholtz*
[Krasny 1986, Krasny 1988 et Van Dyke 1982]

Théorie mathématique

D'un point de vue théorique, l'instabilité de Kelvin-Helmholtz est gouvernée par le théorème du point d'inflexion que l'on peut énoncer de la façon suivante : *" La présence d'au moins un point d'inflexion dans le profil de vitesse d'un écoulement de fluide parfait barotrope est une condition nécessaire et suffisante d'instabilité de cet écoulement ".*

La première partie portant sur la condition nécessaire de ce théorème a été

25

établie dès 1879 par Rayleigh. Celui-ci a en effet montré que le mouvement d'un fluide parfait barotrope ne pouvait pas être instable si le champ de rotationnel ne présentait pas au moins un extremum. Le fait qu'il s'agisse également d'une condition suffisante n'a été prouvé lui qu'en 1935 par Tollmien.

Le problème peut être modélisé par l'écoulement de deux fluides superposés (1) et (2), se déplaçant parallèlement à des vitesses différentes U_1 et U_2 le long de la direction x. Un tel écoulement peut être décrit comme une nappe continue de vorticité. Nous remplaçons cet écoulement par la superposition d'une translation globale de vitesse $(U_1 + U_2)/2$ et d'un écoulement symétrique par rapport à un plan horizontal $y = 0$ et de vitesse $\pm U/2$ ($U = U_1 - U_2$) (*Figure 1.11*).

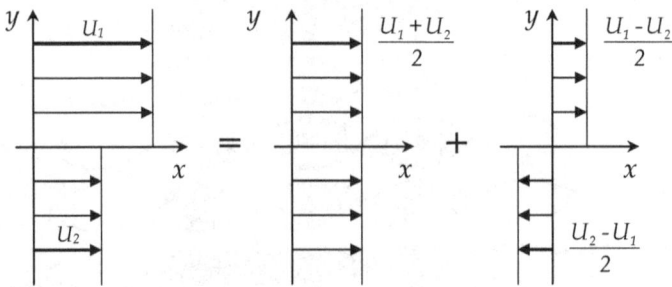

Figure 1.11 *- Ecoulement de deux fluides en contact se déplaçant parallèlement à des vitesses différentes et représentation du champ de vitesse de cet écoulement comme la superposition d'une translation globale et d'un écoulement relatif de vitesse moyenne nulle*

La première instabilité qui se développe est une perturbation bidimensionnelle : celle-ci est caractérisée par la hauteur $\xi(x, t)$ de l'interface au-dessus du plan de base $y = 0$ du film (*Figure 1.12*).

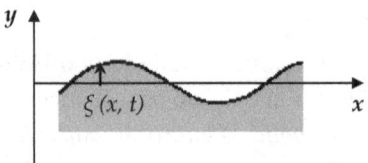

Figure 1.12 *– Déformation de l'interface entre deux fluides se déplaçant parallèlement à des vitesses différentes dans la direction Ox*

26

Nous cherchons la solution du problème en utilisant les potentiels Φ_1 et Φ_2 dont dérivent les vitesses v_1 et v_2 :

$$v_1 = grad \left[\frac{Ux}{2} + \Phi_1(x,y,t) \right] \qquad (Eq.\ 1.9)$$

et :

$$v_2 = grad \left[-\frac{Ux}{2} + \Phi_2(x,y,t) \right] \qquad (Eq.\ 1.10)$$

Le premier terme de chaque expression entre crochets est le potentiel des vitesses de l'écoulement non perturbé, le second celui de la perturbation du potentiel associée à la déformation $\xi(x,\ t)$. Le calcul est fait dans une approximation linéaire valable si l'amplitude $\xi(x,\ t)$ des perturbations est petite devant leur longueur d'onde.

Les vitesses des fluides normales à l'interface doivent être identiques pour chacun des deux fluides et égales à la vitesse de l'interface soit :

$$\left[v_{1\perp} \right]_{y=\xi} = \left[v_{2\perp} \right]_{y=\xi} \cong \frac{\partial \xi}{\partial t} \qquad (Eq.\ 1.11)$$

En projetant la vitesse de chacun des deux fluides sur la normale à l'interface, on peut écrire l'égalité suivante :

$$v_{iy} \cong \frac{\partial \xi}{\partial t} + v_{ix} \frac{\partial \xi}{\partial x} \ (i=1,\ 2) \qquad (Eq.\ 1.12)$$

En ne gardant que les termes du premier ordre en perturbations ξ, Φ_1 et Φ_2, les relations ci-dessus s'écrivent :

$$v_{1y} = \frac{\partial \Phi_1}{\partial y} = \frac{\partial \xi}{\partial t} + \frac{U}{2} \frac{\partial \xi}{\partial x}$$

$$v_{2y} = \frac{\partial \Phi_2}{\partial y} = \frac{\partial \xi}{\partial t} - \frac{U}{2} \frac{\partial \xi}{\partial x} \qquad (Eq.\ 1.13)$$

(i) *Cas où la tension interfaciale et la différence de densité sont négligées* ($\rho_1 = \rho_2 = \rho$)

Dans ce cas, il y a continuité de la pression à la traversée de l'interface qui s'exprime par :

$$p_1(x,y,t) = p_2(x,y,t) \ pour \ y = \xi \qquad (Eq.\ 1.14)$$

D'autre part, avec le théorème de Bernoulli nous pouvons écrire pour chacun des deux fluides :

$$p_i + \rho \frac{\partial \Phi_i}{\partial t} + \rho g y + \frac{1}{2} \rho v_i^2 = Cte \quad (i = 1, \ 2) \qquad \text{(Eq. 1.15)}$$

Avec ces deux équations, nous obtenons pour les termes de premier ordre :

$$\left(\frac{\partial \Phi_1}{\partial t} \right)_{y=0} + \frac{U}{2} \left(\frac{\partial \Phi_1}{\partial x} \right)_{y=0} = \left(\frac{\partial \Phi_2}{\partial t} \right)_{y=0} - \frac{U}{2} \left(\frac{\partial \Phi_2}{\partial x} \right)_{y=0} \qquad \text{(Eq. 1.16)}$$

Nous cherchons des solutions de la forme suivante :

$$\frac{\xi}{A} = \frac{\Phi_1}{B_1 e^{-ky}} = \frac{\Phi_2}{B_2 e^{ky}} = e^{ikx + \tau t} \qquad \text{(Eq. 1.17)}$$

où k représente la longueur d'onde et τ est le taux de développement des perturbations.

En présentant la dernière relation dans les équations (*Eq. 1.16*) et (*Eq. 1.17*), nous obtenons les relations suivantes entre les constantes :

$$\begin{cases} kB_1 + \left(\tau + ik \dfrac{U}{2} \right) A = 0 \\[2mm] kB_2 - \left(\tau - ik \dfrac{U}{2} \right) A = 0 \\[2mm] \left(\tau + ik \dfrac{U}{2} \right) B_1 - \left(\tau - ik \dfrac{U}{2} \right) B_2 = 0 \end{cases} \qquad \text{(Eq. 1.18)}$$

Nous obtenons la condition de compatibilité entre ces équations linéaires en écrivant que le déterminant de la matrice des coefficients du système est nul. Ce qui nous donne :

$$k \left(\tau + ik \frac{U}{2} \right)^2 + k \left(\tau - ik \frac{U}{2} \right)^2 = 0 \qquad \text{(Eq. 1.19)}$$

$$\Rightarrow \tau^2 = \left(k \frac{U}{2} \right)^2 \qquad \text{(Eq. 1.20)}$$

soit :

$$\tau = \pm k \frac{U}{2} = \pm \frac{2\pi}{\lambda} \frac{U}{2} \qquad \text{(Eq. 1.21)}$$

C'est la relation de dispersion qui montre que le mode instable existe toujours. En plus, on voit que les modes de courte longueur d'onde sont les plus amplifiés.

(ii) *Effets de la tension interfaciale et de la différence de densité*

On connaît que les phénomènes de différence de densité et la tension superficielle ont comme effet de stabiliser l'écoulement.

Maintenant, si à l'interface nous n'avons pas d'égalité de pression à cause de la tension superficielle, la condition aux limites sur la pression est remplacée par :

$$(p_1)_{y=\xi} = (p_2)_{y=\xi} + \ \gamma \ \frac{\partial^2 \xi}{\partial x^2} = (p_2)_{y=\xi} - \ \gamma k^2 \xi \qquad \text{(Eq. 1.22)}$$

Dans la relation de Bernoulli, il faut introduire le terme hydrostatique $\rho_i g \xi$ ($i=1$, 2) avec $\rho_1 \neq \rho_2$.

Le calcul de la condition de compatibilité des trois équations conduit cette fois à la condition d'instabilité suivante :

$$4 \, \rho_1 \rho_2 \left(\frac{U}{2(\rho_1 + \rho_2)} \right)^2 > \ c_0^2 = \frac{g}{k} \frac{\rho_2 - \rho_1}{\rho_2 + \rho_1} + \frac{\gamma \, k}{\rho_2 + \rho_1} \qquad \text{(Eq. 1.23)}$$

où c_0 représente la vitesse des ondes en l'absence d'écoulement ($U = 0$). On voit clairement les effets stabilisants de la différence de densité ($\rho_1 - \rho_2$) (premier terme) et de la tension superficielle γ (second terme). Le minimum c_{omin} de c_o et le vecteur d'onde critique k_c correspondant vérifient :

$$c_{o \, \min} = \sqrt{\frac{4 \ \gamma \ g(\rho_2 - \rho_1)}{(\rho_1 + \rho_2)^2}} \qquad \text{(Eq. 1.24)}$$

$$k_c = \sqrt{\frac{g \ (\rho_2 - \rho_1)}{\gamma}} \qquad \text{(Eq. 1.25)}$$

Dans l'industrie comme dans la nature, beaucoup de phénomènes physiques présentent l'instabilité de Kelvin-Helmholtz. Dans le domaine de physique, par exemple dans l'aérodynamique, les vortex de Kelvin-Helmholtz se développent derrière des véhicules comme des trains ou des voitures. En effet, derrière ces véhicules, il y a une grande différence de niveau et le courant atmosphérique rencontre une zone où il n'y a aucune vitesse. En fait, c'est un flux derrière l'escalier et avec les certaines conditions les instabilités de Kelvin-Helmholtz peuvent apparaître dans cette zone. Dans la Nature, ce type d'instabilité est couramment visible dans les océans et les rivières.

1.3.2.2 Instabilité de Rayleigh-Taylor

Cette instabilité de front, aussi appelée instabilité de Richtmyer-Meshkov, montre la compétition entre la tension superficielle et la gravité. Elle concerne l'interface séparant deux fluides incompressibles, non miscibles et de densités différentes en équilibre statique dans le champ de pesanteur (*Figure 1.13*).

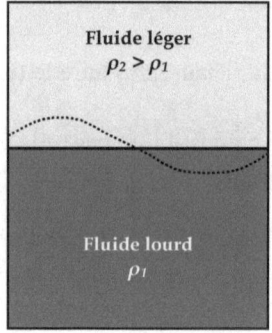

Figure 1.13 – Schéma du domaine de l'instabilité de Rayleigh-Taylor

Si la surface séparant les deux fluides présente de légères irrégularités, celles-ci sont susceptibles de s'amplifier quand on exerce une accélération constante ou impulsive sur l'interface. L'expérience montre que l'instabilité se produit lorsque l'accélération est telle qu'elle tend à faire pénétrer le fluide léger au sein du fluide lourd.

Ce type d'instabilité peut être trouvé dans beaucoup de problèmes pratiques liés à l'interface séparant deux fluides. Nous pouvons parler des interactions des ondes de pression avec des fronts de flammes, la combustion super et hypersonique, les interactions Laser-matière... Comme l'instabilité de Kelvin-Helmholtz, cette instabilité présente aussi une caractéristique "violente" qui peut mener à la destruction des dispositifs.

1.4 Les instabilités dans les jets ronds

Du point de vue de la recherche fondamentale, le jet constitue un prototype d'écoulement cisaillé, et il est situé dans une classe d'écoulements intermédiaires, en terme de complexité, entre la couche de mélange et le sillage. En outre, il présente deux échelles de longueur : le diamètre de la buse et l'épaisseur effective du profil initial de vitesse [Corke 1991]. Dans une classification plus générale, le jet est décrit comme un système à la fois physiquement et dynamiquement ouvert : il est caractérisé par l'indétermination des frontières contenant, respectivement, le fluide et la perturbation [Broze 1994, Broze 1996].

L'écoulement de jet libre, sous ses différentes formes (sub- ou supersonique, à densité constante ou variable, simple ou multi-phase, etc.), a été étudié de manière extensive et intensive dans les dernières cinquante années à cause de ses multiples implications dans les applications industrielles, telles que l'épitaxie utilisant un jet de gaz vecteur, les réacteurs chimiques et nucléaires, le refroidissement, le séchage par jet rond unitaire ou en réseau matriciel, etc.

Le survol de la vaste littérature consacrée aux instabilités du jet rond montre que les mécanismes de transition à l'instationnarité, la sélection des modes instables en fonction du nombre de Reynolds [Gutmark 1983, Corke 1991], les bifurcations successives qui mènent à la turbulence [Corke 1991, Ben Aissia 2001], restent encore des sujets peu élucidés.

1.4.1 Structure du jet rond en régime laminaire

On considère l'écoulement d'un jet libre axisymétrique qui débouche d'une buse circulaire, de diamètre d, dans un fluide au repos de même phase et de même densité.

Généralement, l'épanouissement du jet peut se diviser en plusieurs zones après la sortie de la buse (*Figure 1.14*) :

➡ D'abord une zone conique en aval immédiat de la sortie appelée zone du cône potentiel qui s'étend entre *2* et *3* fois le diamètre D en aval et dans laquelle la viscosité est négligeable. Dans cette zone, le régime est laminaire, il y a formation de deux couches de mélange (interaction entre le jet et l'atmosphère au repos) qui engendrent l'épanouissement du jet.

➡ Dans la partie suivante, l'écoulement tend à se réorganiser, c'est ce qu'on appelle la zone de transition. C'est une zone de mélange à symétrie axiale qui est le siège d'instabilités de Kelvin-Helmholtz générant des tourbillons toriques en forme de rond de fumée.

➡ Enfin dans le dernier domaine, plus loin de la buse, le régime turbulent est établi. Dans l'écoulement se développent de nombreux tourbillons et instabilités.

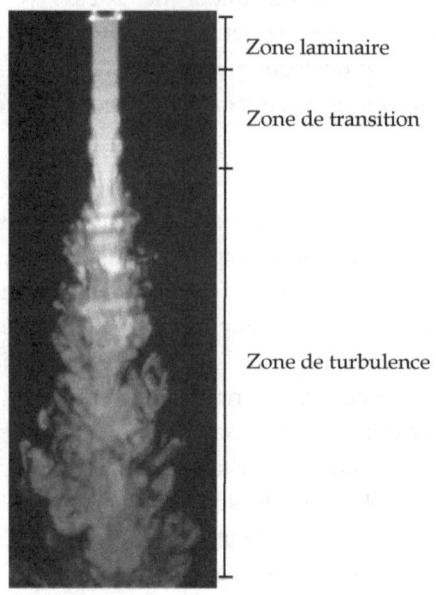

Figure 1.14 – *Visualisation expérimentale d'un jet pour Re = 1900*
[Ben Aissia 2002]

1.4.2 Instabilités dans la zone de transition

La visualisation de l'écoulement de jet par stroboscopie a débuté en 1884 avec les travaux de Rayleigh. Deux modes ou types d'instabilités ont été observés dans la zone de transition du jet rond libre [Cohen 1987, Soderberg 1998] :

➡ Le mode axisymétrique (variqueux) où les interfaces du film se déplacent dans des directions opposées.

➡ Le mode antisymétrique (sinueux) où les interfaces se déplacent dans la même direction.

32

Ces modes peuvent être identifiés par rapport à l'analyse de la stabilité linéaire qui considère des perturbations de type modes normaux $e^{i(kz-wt+m\theta)}$. Ainsi, le mode variqueux est caractérisé par un nombre d'onde azimutal $m = 0$. Alors que le mode sinueux (ou le premier mode hélicoïdal) correspond à un nombre d'onde azimutal $m = 1$.

Une représentation schématique de ces deux modes d'instabilité est donnée par la *Figure 1.15* ci-dessous :

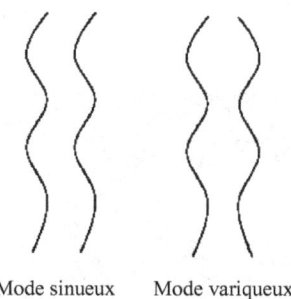

Mode sinueux   Mode variqueux

Figure 1.15 – *Modes d'instabilité dans la zone de transition*

D'après l'étude réalisée par Corke [Corke 1993], le développement linéaire des deux modes sinueux et variqueux ($m = 0$ et $m = 1$) est similaire. Ils peuvent dominer la zone de transition mais ils n'apparaissent jamais ensemble dans cette zone. Il montre aussi que les modes hélicoïdaux ($m \geq 2$) n'ont été jamais observés dans la zone de proche sortie du jet.

Dans son étude numérique, Danaila [Danaila 1997] montre que, pour des nombres de Reynolds super-critiques, l'instabilité primaire est dominée par les deux modes hélicoïdaux ($m = \pm 1$).

La plupart des analyses de stabilité montrent que le taux d'amplification de ces modes d'instabilité dépend du profil de la vitesse d'injection [Michalke 1982, Cohen 1987]. Mollendorf et Gebhert ont établi que pour un profil de vitesse de type couche limite, le mode axisymétrique est inconditionnellement stable, tandis que le mode sinueux est amplifié à partir d'un nombre de Reynolds égal à *36* [Mollendorf 1973].

1.4.3 Structure du jet rond en régime turbulent

Ce type d'écoulements comporte deux zones bien distinctes et dans lesquelles les structures tourbillonnaires cohérentes se diffèrent (*Figure 1.16*) :

→ Une zone de transition, située près de la buse et qui correspond en gros au cône potentiel (≈ *4 à 5 fois le diamètre de la buse*). Dans cette zone, les anneaux tourbillonnaires sont des concentrations continues et compactes de vorticité : la distribution de vorticité est uniforme dans la direction du vecteur vorticité ; l'anneau tourbillonnaire grossit seulement par diffusion visqueuse.

→ Une zone turbulente, plus loin de la buse, dans laquelle les structures tourbillonnaires cohérentes sont définies comme des zones de concentration de vorticité qui se déplacent de manière cohérente dans l'écoulement. Dans cette zone, des structures à petites échelles et d'autres à grandes échelles interagissent.

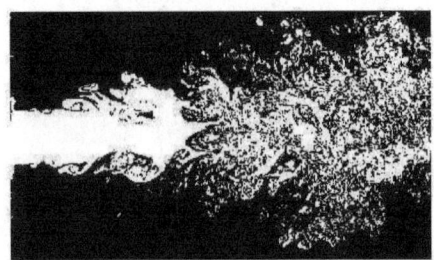

Figure 1.16 *– Visualisation expérimentale d'un jet turbulent pour Re = 11000*
(Balint J. L., Ayrault M., Schon J. P. [Panton 1984])

1.4.4 Point de vue expérimental

L'étude expérimentale de la stabilité, de l'apparition des tourbillons et de la transition à la turbulence des écoulements fluides peut être datée du début des années cinquante avec les expériences d'Anderson [Anderson 1954, Anderson 1955]. Ses travaux sur un jet de CO_2 s'injectant dans l'air à partir d'un orifice de diamètre égal à *0,25 inch*, consistaient en la visualisation de l'écoulement du jet pulsé en utilisant un "shadow graph". Les résultats publiés par cet auteur mettent en évidence la dépendance de la fréquence de perturbation (de *880 Hz* à *6370 Hz*) du nombre de Reynolds ($Re \leq 7000$).

D'autres études ont suivi ces premiers travaux et qui concernent essentiellement le nombre de Reynolds critique, Re_c, à partir duquel le jet devient instable. Dans ce contexte, en 1962, Batchelor et Gill [Batchelor 1962] ont mentionné des résultats obtenus, en 1958, par Schade sans fournir d'information satisfaisante ni sur la définition, ni sur la valeur critique du nombre de Reynolds.

Les premiers résultats portant sur la détermination du nombre de Reynolds critique ont été publiés par Viilu [Viilu 1962] dans le cas d'un jet rond eau-eau issu d'une fente de faible diamètre (*0,0052-0,018 inch*). La technique de visualisation utilisait comme traceurs des particules d'hydroxyde de sodium, ainsi que de l'acide hydrochlorique. Le nombre de Reynolds critique se situe entre *10,5* et *11,8*.

Suite aux résultats de Shade et ceux de Viilu, Reynolds a repris les mesures sur des jets axisymétriques d'eau submergés dans un grand réservoir d'eau. Les résultats d'essais réalisés par Reynolds [Reynolds 1962] sur quatre profils différents de jet colorés montrent en particulier que :

① - L'écoulement stationnaire est maintenu avec difficulté pour des nombres de Reynolds compris entre *10* et *30* (*10 < Re <30*).

② - Des structures axisymétriques ont été observées pour *30 < Re < 150*. Becker et Massaro [Becker 1968] ont émis certaines réserves quant à ce résultat, et suggèrent que ces structures sont dues aux importantes perturbations dans le dispositif expérimental.

③ - L'écoulement est dominé par des ondulations sinusoïdales de grande longueur d'onde pour un nombre de Reynolds compris entre *150* et *300*.

④ - Pour des nombres de Reynolds supérieur à *300*, l'écoulement de jet devient désordonné dans la zone d'injection. Ce résultat confirme la constatation de Becker concernant les perturbations dans le dispositif expérimental.

En 1968, Becker et Massaro ont travaillé sur des jets d'air avec des nombres de Reynolds situés entre *600* et *20000*. Une seule expérience de jet non pulsé a été présentée pour un nombre de Reynolds égal à *1690*. Lors de cette expérience une ondulation sinusoïdale a été observée le long de l'axe du jet à une distance égale à *5* fois le diamètre de la buse. Cette instabilité n'est plus observée pour un nombre de Reynolds supérieur à *2300* pour les deux configurations de jet forcé ou non forcé, quand une instabilité de Kelvin-Helmholtz caractérise la déstabilisation de l'écoulement.

En 1971, Crow et Champagne [Crow 1971] décrivent de manière qualitative le passage continu du jet d'une forme sinusoïdale à une hélice et enfin à une allée de structures axisymétriques, quand le nombre de Reynolds varie de *100* à *1000* (*Figure 1.17*).

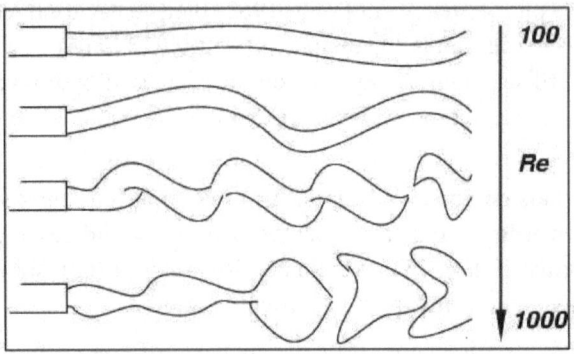

Figure 1.17 – Evolution de la forme du jet libre non forcé pour
100 < Re < 1000
[Crow 1971]

En 1973, Mollendorf et Gebhart [Mollendorf 1973] ont étudié l'effet de la flottabilité sur les jets d'eau, légèrement chauffés, pour des nombres de Reynolds compris entre *138* et *537*. Pour des jets non chauffés avec *Re = 250* et *316*, les perturbations axisymétriques introduites dans l'écoulement sont atténuées, tandis que les perturbations hélicoïdales sont fortement amplifiées. Pour le jet faiblement chauffé, l'écoulement est déstabilisé plus rapidement et le mode spirale reste le plus amplifié.

1.5 Conclusion

Dans ce chapitre, des exemples de mécanismes physiques d'instabilité et de scénarios de transition à la turbulence sont introduits :
- ceux observés en convection thermique (instabilité de Rayleigh-Bénard);
- les instabilités centrifuges (écoulement de Taylor-Couette);
- les instabilités de cisaillement dans les couches de mélange (instabilité de Kelvin-Helmholtz).

L'instabilité de Kelvin-Helmholtz présente un certain nombre de particularités :
♦ Le déclenchement se fait indépendamment de toute notion de seuil critique,
♦ Les structures tourbillonnaires prennent naissance sur des surfaces particulières de l'écoulement, délimitant des zones de fluides de propriétés distinctes (ici, la vitesse) : instabilités de "front",

◆ L'instabilité de Kelvin-Helmholtz illustre le comportement d'un profil de vitesse avec présence d'un point d'inflexion.

Pour des cas simples, il était possible de connaître le seuil de stabilité d'un écoulement en fonction des valeurs du paramètre sans dimension le caractérisant (*Ra*, *Ta*, *Re*, …). Cependant les valeurs critiques de ce paramètre proviennent principalement de l'expérience. De plus pour les écoulements plus complexes (industriels), d'autres paramètres peuvent influer la transition (l'état de l'écoulement extérieur caractérisé par le taux de turbulence, les rugosités, les gradients de pression, …).

Ainsi la transition n'est pas un phénomène strictement localisé et sa détermination se fait le plus souvent par l'intermédiaire de critères empiriques, qui dépendent de la configuration de l'écoulement et des grandeurs accessibles aux mesures.

Références bibliographiques

[Anderson 1954]   ANDERSON A. B. C.
                    The jet-tone orifice number for orifices of small thickness diameter ratio
                    J. Acoust. Soc. Am. 26, 21, 1954

[Anderson 1955]   ANDERSON A. B. C.
                    Structure and velocity of the periodic vortex-ring flow pattern of a
                    primary Pfeifenton (pipe tone) jet
                    J. Acoust. Soc. Am. 27, 1048, 1955

[Batchelor 1962]   BATCHELOR G. K. and GILL A. E.
                    Analysis of the stability of axisymmetric jets
                    Journal of Fluid Mechanics, vol. 14, pp. 529, 1962

[Ben Aissia 2000]   BEN AISSIA H., ZAOUALI Y., JAY J., FOURNEL T. et GERVAIS P.
                    Etude expérimentale par visualisation et Anémomètrie Laser Doppler d'un
                    jet axisymétrique
                    Les Annales Maghrébines de l'Ingénieur, vol. 14, n° 2, pp. 29-38, 2000

[Ben Aissia 2002]   BEN AISSIA H.
                    Etude numérique et expérimentale par imagerie et Anémomètrie Laser
                    Doppler d'un jet axisymétrique
                    Doctorat d'Etat, Université Tunis El-Manar, Faculté des Sciences de
                    Tunis, mai 2002

[Broze 1994]   BROZE G. and HUSSAIN F.
                    Nonlinear dynamics of transitional jets : periodic and chaotic attractors
                    Journal of Fluid Mechanics, vol. 263, pp. 93, 1994

[Broze 1996]   BROZE G. and HUSSAIN F.
                    Transition to chaos in a forced jet : intermittency, tangent bifurcations and
                    hysteresis
                    Journal of Fluid Mechanics, vol. 311, pp. 37, 1996

[Chassaing 1997]   CHASSAING P.
                    Mécanique des Fluides – Elément d'un premier parcours
                    Collection Polytech de l'INP de Toulouse, Cepadues-Editions, 1997

[Cohen 1987]   COHEN J. and WIGNANSKY. I.
                    The evolution of instabilities in the axisymmetric jet. Part I. The linear
                    growth of disturbances near the nozzle
                    Journal of Fluid Mechanics, vol. 176, pp. 191, 1987

[Corke 1991]   CORKE T. C., SHAKIB F. and NAGIB H. M.
                    Mode selection and resonant phase locking in unstable axisymmetric jets
                    Journal of Fluid Mechanics, vol. 223, pp. 253, 1991

[Corke 1993] CORKE T. C. and KUSEK S.M.
Resonance in axisymmetric jets with controlled helical-mode input
Journal of Fluid Mechanics, vol. 249, pp. 307, 1993

[Crow 1971] CROW S. C. and CHAMPAGNE F. H.
Orderly structure in jet turbulence
Journal of Fluid Mechanics, vol. 48, pp. 547, 1971

[Danaila 1997] DANAILA I.
Etude des instabilités et des structures cohérentes dans la zone de proche
sortie d'un jet axisymétrique
Thèse de doctorat, Université de la Méditerranée Aix-Marseille II,
novembre 1997

[Guyon 1991] GUYON E., HULIN J-P. et PETIT L.
Hydrodynamique Physique
Collection Savoirs actuels, InterEditions/Edition du CNRS, 1991

[Krasny 1986] KRASNY R.
Desingularization of periodic vortex sheet roll-up
J. Comp. Phys. vol. 65, pp. 292-313, 1986

[Krasny 1988] KRASNY R.
Numerical simulation of vortex sheet evolution
Proc. IUTAM Symp. on "Fundamental Aspects of Vortex Motion", H.
Hasimoto & T. Kambe (eds.), Fluid Dyn. Res. 3, 93-97, North-Holland,
1988

[Michalke 1982] MICHALKE A. and HERMANN
On the inviscid instability of a circular jet with external flow
JFM, vol. 114, pp. 343, 1982

[Mollendorf 1973] MOLLENDORF J. C. and GEBHART B.
An experimental and numerical study of the viscous stability of a round
laminar vertical jet with and without buoyancy for symmetric and
asymmetric disturbance
Journal of Fluid Mechanics, vol. 61, pp. 367, 1973

[Panton 1984] PANTON R. L.
Incompressible flow
John Wiley & Sons, Chichester, New York, first edition, 1984

[Reynolds 1962] REYNOLDS A. J.
Observation of a liquid-into-liquid jet
Journal of Fluid Mechanics, vol. 14, pp. 552, 1962

[Richard 2001] RICHARD D.
Instabilités Hydrodynamiques dans les Ecoulements en Rotation
Différentielle
Thèse de doctorat, Ecole Doctorale d'Astronomie - Astrophysique d'Ile de

France, Université Paris 7 Denis Diderot, décembre 2001

[Soderberg 1998]   DODERBERG L. D. and ALFREDSS P. H.
Experimental and theoritical stability investigations of plane liquid jets
European Journal Mechanics, vol. 5, pp. 689-737, 1998

[Van Dyke 1982]   VAN DYKE M.
An Album of Fluid Motion
The Parabolic Press, Stanford, California, 1982

[Viilu 1962]   VIILU A.
An experimental determination of the minimum Reynolds number for instability in a free jet
J. Appl. Mech., vol. 29, pp. 506, 1962

Chapitre **2**

ETUDE NUMERIQUE DU JET

2.1 Introduction

Depuis quelques décennies, et en raison de ses différentes applications notamment dans le secteur industriel, les écoulements de type jet ont fait l'objet d'un grand nombre de travaux et de recherches. De tels écoulements sont très utilisés dans la technologie électronique des semi-conducteurs utilisant un jet de gaz vecteur, l'industrie de fabrication des pulvérisateurs, refroidissement et séchage par jet rond unitaire ou en réseau matriciel...

Les études bibliographiques sur les jets sont nombreuses et variées. La théorie est vaste, elle montre l'existence d'une grande famille de jets caractérisée par la nature de l'écoulement, la géométrie de l'orifice et les propriétés du fluide. La majorité des travaux effectués traitent le cas turbulent caractérisé par un grand nombre de Reynolds. La résolution mathématique et numérique des équations régissant ces écoulements fait appel à des formulations empiriques élaborées en se basant sur l'expérience [Martynenko 1994, Demuren 1994].

L'étude des écoulements de type jet laminaire a intéressé également plusieurs chercheurs. Les écoulements de jet laminaire ne conservent cette propriété que sous certaines conditions, en général difficilement réalisables. Cette famille de jet est en fait le siège d'instabilités qui conduisent à la transition au régime turbulent [Ben Aissia 1999]. Ces instabilités peuvent prendre différents aspects suivant la nature de l'écoulement et les conditions d'expérimentation. Les premiers travaux théoriques sur les jets bidimensionnels et axisymétriques ont été élaborés par Schlichting [Schlichting 1979] en utilisant les hypothèses de couche limite. D'autres solutions analytiques utilisant un changement de variables ont été par la suite proposées par Fonade en 1967 [Fonade 1967] et Mollendorf en 1973 [Mollendorf 1973].

La méthode de résolution adoptée par ces derniers et les résultats obtenus ne font pas intervenir l'effet des conditions d'émission à la section d'injection sur les profils de la vitesse. Les solutions proposées se sont limitées à la zone d'écoulement établi sans préciser la position axiale de cette zone. L'étude de l'influence des conditions d'émission n'a été développée à notre connaissance que par Mhiri [Mhiri 1998] et Gros [Gros 1998] dans le cas d'un jet plan.

Dans ce chapitre, nous nous intéressons à l'étude numérique d'un jet libre d'air débouchant d'une fente circulaire dans une atmosphère exempte de parois. Nous étudierons en particulier l'influence des conditions d'émission sur le comportement hydrodynamique d'un écoulement de type jet laminaire isotherme. Dans la première partie de ce chapitre, nous présentons les équations fondamentales de la mécanique des fluides. Ensuite, on présente les équations générales régissant d'un écoulement de type jet axisymétrique. Par la suite, la méthode de résolution numérique est décrite. Enfin, nous exposons les résultats de notre simulation numérique concernant les champs de vitesse, la zone d'affinité, la demi-épaisseur du jet et la concentration.

2.2 Equations fondamentales de la mécanique des fluides

L'étude des phénomènes liés aux comportements des fluides conduit à l'élaboration des lois fondamentales. Ces lois sont axiomatiques, c'est à dire qu'elles ne dérivent pas d'un nombre plus restreint d'axiomes, mais sont justifiées par l'expérience.
Ces lois sont les suivantes :
- Conservation de la masse
- Lois de comportement
- Conservation de l'énergie (premier principe de la thermodynamique)

2.2.1 Equation de la conservation de la masse

Le principe de la conservation de la masse s'énonce : *La masse d'un système matériel est constante.*
Considérons un système matériel de volume $V_m(t)$ et caractérisé par une densité $\rho(\vec{x}, t)$. La masse M contenue dans le système est donnée par :

$$M = \int_{V_m(t)} \rho(\vec{x}, t) dV \qquad (Eq.\ 2.1)$$

La masse d'un système étant constante, la dérivée particulaire de (*Eq. 2.1*) est donc nulle. On peut écrire :

$$\frac{dM}{dt} = \frac{d}{dt}\left[\int_{V_m(t)} \rho(\vec{x},t)dV\right] = 0 \qquad (Eq. \ 2.2)$$

L'application du théorème de Reynolds conduit à la formulation intégrale de la conservation de la masse en variables d'Euler :

$$\frac{d}{dt}\left[\int_{V_m(t)} \rho dV\right] = \int_{V_m(t)}\left[\frac{\partial \rho}{\partial t} + \vec{\nabla}\cdot(\rho v)\right]dV = 0 \qquad (Eq. \ 2.3)$$

ou, par le théorème de la divergence,

$$\frac{d}{dt}\left[\int_{V_m(t)} \rho dV\right] = \int_{V_m(t)}\frac{\partial \rho}{\partial t}dV + \int_{S_m(t)} \rho\vec{v}.d\vec{S} = 0 \qquad (Eq. \ 2.4)$$

L'équation de continuité s'écrit alors :

$$\frac{\partial \rho}{\partial t} + \vec{\nabla}\cdot(\rho\vec{v}) = 0 \qquad (Eq. \ 2.5)$$

Dans le cas d'un fluide incompressible ($\rho = cte$), l'équation se réduit à :

$$\vec{\nabla}\cdot\vec{v} = 0 \qquad (Eq. \ 2.6)$$

2.2.2 Equation de la quantité de mouvement

Considérons un système matériel D de volume $V_m(t)$ et de frontière $S_m(t)$. La loi fondamentale de la dynamique appliquée à ce domaine et que l'on suit dans son mouvement exprime que : *La dérivée particulaire du torseur de quantité de mouvement est égale au torseur des forces extérieures appliquées au domaine.*
Les forces extérieures à considérer comprennent :
➡ **Les forces de volume** : Elles proviennent du milieu extérieur à D et caractérisent les actions physiques auxquelles le milieu continu fluide est soumis : ce sont des actions à distance. Soient $\vec{G}$ de telles actions :

43

$$\vec{G} = \int_{V_m(t)} \rho\vec{g}dV \qquad\qquad (Eq.\ 2.7)$$

➡ Les forces de surface : Elles sont transmises par contact du fluide extérieur à D avec la frontière $S_m(t)$, d'où en général des actions mécaniques. Ces actions sont de l'ordre de dS (principe des contraintes). Soient $\vec{T}$ de telles actions :

$$\vec{T} = \int_{S_m(t)} \vec{t}dS \qquad\qquad (Eq.\ 2.8)$$

Le principe des contraintes postule que l'action de l'extérieur du domaine D sur D peut à tout instant être représentée par une distribution superficielle de forces sur la frontière $S_m(t)$ de D.

Or, une force telle que $\vec{T}$ est un vecteur, que l'on peut écrire dans un repère euclidien : $\vec{T} = T.\vec{e}$

On peut noter $\vec{n} = n.\vec{e}$ le vecteur unitaire normal à dS. Par suite, on a :

$$d\vec{T} = \vec{t}.dS = P\,\vec{n}.dS \qquad\qquad (Eq.\ 2.9)$$

où le tenseur **P** est appelé tenseur des contraintes.

Les équations générales du mouvement s'écrivent alors :

Quantité de mouvement : La loi fondamentale du mouvement s'écrit en tenant compte des diverses forces extérieures :

$$F = \frac{d}{dt}\left[\int_{V_m(t)} \rho\vec{v}dV\right] = \int_{V_m(t)} \frac{\partial}{\partial t}(\rho\vec{v})dV + \int_{S_m(t)} \rho\vec{v}(\vec{v}.d\vec{S})$$
$$= \int_{V_m(t)} \rho\vec{g}dV + \int_{S_m(t)} \vec{t}dS = \int_{V_m(t)} \rho\vec{g}dV + \int_{S_m(t)} P\vec{n}dS \qquad (Eq.\ 2.10)$$

Cette équation peut s'écrire, en utilisant le théorème de la divergence, sous la forme classique différentielle conservative :

$$\frac{\partial\rho v^i}{\partial t} + \nabla_j(\rho v^i v^j) = \rho g^i + \nabla_j P^{ij} \qquad\qquad (Eq.\ 2.11)$$

On peut soustraire de cette équation les termes nuls (par la continuité) :

$$v^i\left(\frac{\partial\rho}{\partial t} + \nabla_j(\rho v^i)\right) = 0 \quad i = 1,\ 2,\ 3 \qquad\qquad (Eq.\ 2.12)$$

pour obtenir la forme non conservative de la quantité de mouvement :

$$\rho\frac{Dv^i}{Dt} = \rho g^i + \nabla_j P^{ij} \qquad\qquad (Eq.\ 2.13)$$

Moment cinétique : La conservation du moment cinétique d'un système s'écrit :

$$\frac{d}{dt}\left[\int_{V_m(t)} (\vec{x} \wedge \rho\vec{v})dV\right] = \int_{V_m(t)} (\vec{x} \wedge \rho\vec{g})dV + \int_{S_m(t)} (\vec{x} \wedge \vec{t})dS \qquad (Eq.\ 2.14)$$

Dans le cas d'un fluide newtonien, la loi de transformation étant linéaire, les composantes du tenseur des contraintes $\mathbf{P}^{ij}$ s'écrivent :

$$P^{ij} = -p\delta^{ij} \qquad (Eq.\ 2.15)$$

où, p est par définition la pression hydrostatique du fluide au point considéré.

Dans le cas d'un fluide en mouvement, il est d'usage d'écrire $\mathbf{P}$ sous la forme suivante, en introduisant le tenseur unité $\mathbf{I}$ et le tenseur $\boldsymbol{\tau}$, dit déviateur :

$$P = -p\mathbf{I} + \tau \qquad (Eq.\ 2.16)$$

ou sous forme indicielle :

$$P^{ij} = -p\delta^{ij} + \tau^{ij} \qquad (Eq.\ 2.17)$$

avec :

$$\tau^{ij} = \lambda\delta^{ij}\, D^{kk} + 2\mu D^{ij} \qquad (Eq.\ 2.18)$$

μ représente la viscosité de cisaillement et λ la viscosité de dilatation. $\mathbf{D}$ étant le tenseur des vitesses de déformation, d'origine cinématique, de composantes $\mathbf{D}^{ij}$ définies par :

$$D^{ij} = \frac{1}{2}\left(\frac{\partial v^i}{\partial x^j} + \frac{\partial v^j}{\partial x^i}\right) \qquad (Eq.\ 2.19)$$

Dans le cas d'un fluide incompressible, puisque :

$$D^{ii} = 0 \qquad (Eq.\ 2.20)$$

on obtient :

$$\frac{1}{3}P^{ii} = -p \qquad (Eq.\ 2.21)$$

Par conséquent, on obtiendra les équations dites de Navier-Stokes écrites par exemple sous leurs formes conservatives, dans un référentiel fixe, à partir de (*Eq. 2.13*) :

$$\rho\left[\frac{\partial v^i}{\partial t} + \nabla_j(v^j v^i)\right] = \rho g^i - \nabla_j p\delta^{ij} + \mu(\nabla^2 v^i) \qquad (Eq.\ 2.22)$$

ou sous forme vectorielle :

$$\rho\frac{d\vec{v}}{dt} = \rho\left[\frac{\partial\vec{v}}{\partial t} + \vec{\nabla}.(\vec{v} \otimes \vec{v})\right] = \rho\vec{g} - \vec{\nabla}p + \mu\nabla^2\vec{v} \qquad (Eq.\ 2.23)$$

2.2.3 Equation de la conservation de l'énergie

Le premier principe ou principe de la conservation de l'énergie conduit à la définition d'une fonction "e", l'énergie interne massique. Pour un système en mouvement, il faut tenir compte de l'énergie cinétique des particules fluides et l'on introduira la grandeur E, énergie interne totale, somme de l'énergie interne et de l'énergie cinétique d'un système matériel.

D'autre part, on ne considérera que les systèmes qui échangent de l'énergie sous forme de chaleur et de travail. Dans ces conditions, le principe de la conservation de l'énergie peut s'énoncer sous la forme suivante :

Le taux de variation temporel de l'énergie interne totale d'un système matériel est égal à la somme des puissances dues :

- *aux travaux des contraintes agissant à la frontière $S_m(t)$ du système*
- *au flux de chaleur $\vec{q}$ et au rayonnement "r"*
- *aux forces massiques (gravitationnelles en général)*

Si on définit l'énergie interne totale E d'un système matériel de volume $V_m(t)$ limité par une surface $S_m(t)$ par :

$$E = \int_{V_m(t)} \rho(\frac{1}{2}v^2 + e)dV \qquad \text{(Eq. 2.24)}$$

et si on applique les mêmes raisonnements que pour le cas de la conservation de la quantité de mouvement, le premier principe de la thermodynamique s'exprime par la relation suivante :

$$\frac{d}{dt}\left[\int_{V_m(t)} \rho\left(\frac{1}{2}\vec{v}.\vec{v}+e\right)dV\right] = \int_{S_m(t)} P\vec{v}dS + \int_{V_m(t)} \rho\vec{g}\vec{v}dV + \int_{S_m(t)} (-\vec{q}.\vec{n})dS + \int_{V_m(t)} rdV \quad \text{(Eq. 2.25)}$$

Par la conservation de la masse et le théorème de divergence, on obtient :

$$\rho\frac{D}{Dt}\left(\frac{1}{2}v^2 + e\right) = \rho g^i v^i + \nabla\left[P^{ij}v^i\right] - \nabla_j q^j + r \qquad \text{(Eq. 2.26)}$$

D'après l'équation de mouvement (*Eq. 2.13*) multipliée par v^i, et d'après la loi de comportement d'un fluide newtonien (*Eq. 2.17*), on obtient :

$$\rho\frac{D}{Dt}\left(\frac{v^2}{2}\right) = \rho g^i v^i + \nabla_j\left(v^i P^{ij}\right) + p\nabla_j v^j - \tau_{ij}\nabla_j v^i + r \qquad \text{(Eq. 2.27)}$$

En soustrayant (*Eq. 2.26*) et (*Eq. 2.27*), il vient :

$$\rho \frac{De}{Dt} = -p\nabla_j v^i + \tau^{ij}\nabla_j v^i - \nabla_j q^j + r \qquad (Eq.\ 2.28)$$

Pour un fluide incompressible dans l'absence de rayonnement, l'équation de l'énergie peut être exprimée en fonction de la température T sous la forme :

$$\rho C_p \frac{DT}{Dt} = \tau : \nabla\vec{v} + \vec{\nabla}.\left(a\,\vec{\nabla}T\right) \qquad (Eq.\ 2.29)$$

où C_p note la capacité calorifique et a est la diffusivité thermique.

2.3 Equations générales d'un jet axisymétrique

Pour les problèmes classiques de mécanique des fluides, les équations de Navier-Stokes constituent un modèle mathématique très précis pour la représentation des écoulements à divers nombres de Reynolds. Cependant, ce modèle mathématique ne peut être utilisé en pratique que pour des écoulements laminaires. En effet, bien que les équations de Navier-Stokes restent valides pour les écoulements turbulents, les variations rapides dans l'espace et dans le temps, qui caractérisent de tels écoulements ne peuvent être "piégées" par le calcul, par les discrétisations en espace et en temps les plus fines que l'on puisse actuellement raisonnablement réaliser sur les super-ordinateurs.
La représentation la plus générale de l'écoulement d'un fluide incompressible newtonien est obtenue par le système complet des équations de Navier-Stokes. Le système comprend l'équation de continuité, les équations de Navier-Stokes elles-mêmes (quantité de mouvement), l'équation d'énergie, auquel on rajoute l'équation d'état du fluide.

2.3.1 Le jet étudié

On considère un jet déchargé d'une buse circulaire, de diamètre D et dont les dimensions sont faibles vis à vis du milieu environnant. Le jet et le milieu environnant sont constitués du même fluide, les forces de frottement sont de même ordre de grandeur que les forces d'inertie et on a un écoulement de type couche limite (*Figure 2.1*).

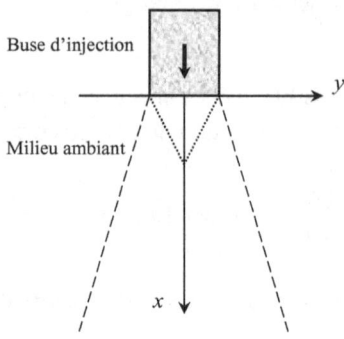

Figure 2.1 – Schéma représentatif du jet étudié

2.3.2 Hypothèses simplificatrices

Dans ce cas, les variations des grandeurs suivant la direction longitudinale x sont négligeables par rapport aux variations radiales selon y, soit :

$$\frac{\partial}{\partial y} \gg \frac{\partial}{\partial x} \quad , \quad \frac{\partial^2}{\partial y^2} \gg \frac{\partial^2}{\partial x^2} \quad \text{et} \quad u \gg v \qquad \text{(Eq. 2.30)}$$

Une des propriétés fondamentales d'un écoulement de type jet libre est que la variation de la pression sur l'épaisseur de la couche limite est très faible, et que cette pression est ainsi pratiquement constante dans une section donnée et est égale à sa valeur sur la frontière de la couche limite [Fonade 1967].

On suppose d'autre part que :

• Le régime d'écoulement est stationnaire : $\frac{\partial}{\partial t} = 0$.

• Le jet présente une symétrie axiale.

• Le fluide est incompressible sauf pour les forces de flottabilité où la masse volumique obéit aux hypothèses de Boussinesq.

• Les forces de dissipation visqueuse sont négligeables dans l'équation de l'énergie.

• Les propriétés physiques restent constantes.

Dans le cas des écoulements de jet anisothermes, les forces de volume sont égales à celles de flottabilité.

2.3.3 Mise en équations

Compte tenu des hypothèses précédentes, les équations générales régissant l'écoulement d'un jet axisymétrique, s'écrivent alors :

Equation de continuité :

$$\frac{\partial(yu)}{\partial x} + \frac{\partial(yv)}{\partial y} = 0 \qquad (Eq.\ 2.31)$$

Equation de la quantité de mouvement :

$$u\frac{\partial u}{\partial x} + v\frac{\partial u}{\partial y} = \frac{v}{y}\frac{\partial}{\partial y}\left(y\frac{\partial u}{\partial y}\right) \pm ag\beta(T - T_0) \qquad (Eq.\ 2.32)$$

Equation de l'énergie :

$$u\frac{\partial T}{\partial x} + v\frac{\partial T}{\partial y} = \frac{\lambda}{\rho C_p}\frac{1}{y}\frac{\partial}{\partial y}\left(y\frac{\partial T}{\partial y}\right) \qquad (Eq.\ 2.33)$$

β étant le coefficient de dilatation thermique.

A ce système d'équations, on peut ajouter l'équation de la concentration, obtenue à partir de l'équation de conservation de la matière et permet de calculer la variation de concentration de particules due à la diffusion microscopique et aux mouvements macroscopiques :

$$\frac{\partial c}{\partial t} + u_j\frac{\partial c}{\partial x_j} = Di\frac{\partial^2 c}{\partial x_j \partial x_j} \qquad (Eq.\ 2.34)$$

où *Di* représente la diffusivité apparente due au mouvement brownien des particules.

Pour les mêmes hypothèses adoptées précédemment, il est possible de chercher une solution numérique de l'équation de diffusion par résolution du système d'équations de Navier-Stokes et l'équation de la concentration suivante :

Equation de la concentration :

$$u\frac{\partial c}{\partial x} + v\frac{\partial c}{\partial y} = Di\frac{\partial^2 c}{\partial x \partial y} \qquad (Eq.\ 2.35)$$

Les trois équations (*Eq. 2.31*), (*Eq. 2.32*) avec α égale à *0* et (*Eq. 2.35*) formulent l'écoulement de type jet isotherme.

Conditions aux limites :

En $y = 0$, $v = \dfrac{\partial u}{\partial y} = \dfrac{\partial c}{\partial y} = 0$. $\qquad (Eq.\ 2.36)$

En $y \rightarrow \infty$, $u = 0$ et $c = 0$. $\qquad (Eq.\ 2.37)$

En $x = 0$, $v = 0$, et deux profils d'émission de vitesse ont été adoptés : profil uniforme ou parabolique. En plus de ces conditions d'émission et aux limites, les deux contraintes d'intégration suivantes (*Eq. 2.38*) et (*Eq. 2.39*) ont été considérées par Martynenko [Martynenko 1989] :

• Conservation de l'énergie transportée par l'écoulement le long de l'axe du jet qui se traduit par :

$$Q_0 = 2\pi C_p \int_0^\infty u(T - T_0) y dy \qquad (Eq.\ 2.38)$$

Notons que l'intégration de l'équation de quantité de mouvement donne :

$$\frac{d}{dx} \int_{-\infty}^{+\infty} y u^2 dy = \int_{-\infty}^{+\infty} g\beta (T - T_\infty) y dy \qquad (Eq.\ 2.39)$$

• Au voisinage de la buse d'injection ($x \to 0$), les forces de flottabilité sont négligeables, et l'équation (*Eq. 2.38*) devient :

$$\lim_{x \to 0} \int_0^\infty y u^2 dy = \frac{K_0}{2\pi} \qquad (Eq.\ 2.40)$$

K_0 étant le débit de quantité de mouvement déchargé par la buse.

2.3.4 Equations adimensionnalisées

Pour l'adimensionnalisation des équations, les longueurs sont ramenées au diamètre D de la buse, les vitesses à la vitesse d'injection U_0 et la concentration à la concentration C_0 à la sotie de la buse. Les équations adimensionnalisées s'écrivent alors :

$$\frac{\partial U}{\partial X} + \frac{\partial V}{\partial Y} + \frac{V}{Y} = 0 \qquad (Eq.\ 2.41)$$

$$U \frac{\partial U}{\partial X} + V \frac{\partial V}{\partial Y} = \frac{1}{Re} \frac{1}{Y} \frac{\partial}{\partial Y} \left(Y \frac{\partial U}{\partial Y} \right) \qquad (Eq.\ 2.42)$$

$$U \frac{\partial C}{\partial X} + V \frac{\partial C}{\partial Y} = \frac{1}{Re\ Sc} \frac{1}{Y} \frac{\partial}{\partial Y} \left(Y \frac{\partial C}{\partial Y} \right) \qquad (Eq.\ 2.43)$$

avec :

$$X = \frac{x}{D}, \ Y = \frac{y}{D}, \ U = \frac{u}{U_0}, \ V = \frac{v}{U_0} \ \text{et} \ C = \frac{c}{C_0}. \qquad (Eq.\ 2.44)$$

Re étant le nombre de Reynolds exprimant le rapport de la force d'inertie sur la force de viscosité :

$$Re = \frac{U \cdot D}{\nu} \qquad (Eq.\ 2.45)$$

Sc est le nombre de Schmidt exprimant le rapport de la viscosité cinématique et de la diffusivité massique :

$$Sc = \frac{\nu}{Di}$$

(Eq. 2.46)

Les conditions aux limites s'expriment par :

En $Y = 0$, $V = \frac{\partial U}{\partial Y} = \frac{\partial C}{\partial Y} = 0$.

(Eq. 2.47)

En $Y \to \infty$, $U = 0$ et $C = 0$.

(Eq. 2.48)

En sortie de buse, deux profils de vitesse d'injection ont été adoptés : profil initial uniforme ou parabolique. Ces profils ont été choisis de telle manière que les contraintes d'intégration exprimant la conservation le long de l'axe du jet (débit de la quantité de mouvement dans le cas isotherme) soient vérifiées.

En $X = 0$ et pour $0 \le Y \le 0,5$, on a :

⇨ $U = 1$ si le profil d'émission est uniforme.

⇨ $U = \sqrt{3} \cdot (1 - 4Y^2)$ si le profil d'émission est parabolique.

En $X = 0$ et pour $Y > 0,5$, on a : $U = V = 0$.

Cependant, un profil uniforme de concentration est adopté à la sortie de la buse :

En $X = 0$, on a :

⇨ $C = 1$ pour $0 \le Y \le 0,5$,

⇨ $C = 0$ pour $Y > 0,5$.

2.4 Méthode de résolution numérique

Dans notre travail nous avons utilisé une méthode aux différences finies avec un maillage décalé : l'équation de continuité est discrétisée au nœud $(i+1/2, j+1/2)$, alors que l'équation de la quantité de mouvement et l'équation de la concentration sont discrétisées au nœud $(i, j+1/2)$. Cette procédure de discrétisation permet en fait une meilleure stabilité numérique comparée au cas du maillage non décalé. Ce maillage est pris uniforme suivant X, fixé à $\Delta X = 10^{-2}$. Nous utilisons un maillage uniforme suivant la direction transversale Y avec un pas $\Delta Y = 10^{-3}$. La convergence de la solution obtenue avec cette méthode est satisfaite lorsque le changement relatif de U lors de deux itérations successives est inférieur à 10^{-5} pour chaque nœud du maillage.

La discrétisation de l'équation de continuité au nœud $(i+1/2, j+1/2)$ donne :

$$V_{i+\frac{1}{2}, j+1} = \left(\frac{2j-1}{2j+1} \right) V_{i+\frac{1}{2}, j} - \frac{2j\Delta Y}{2j+1} \left(\frac{U_{i+1,j+1} + U_{i+1,j} - U_{i,j+1} - U_{i,j}}{2\Delta X} \right)$$

(Eq. 2.49)

L'équation de quantité de mouvement discrétisée au nœud (*i, j+1/2*) est donnée sous la forme suivante :

$$\left(\frac{U_{i+1,j}+U_{i,j}}{2}\right)\left(\frac{U_{i+1,j}-U_{i,j}}{\Delta X}\right)+\frac{1}{2}V_{i+\frac{1}{2},j}\left(\frac{U_{i+1,j+1}-U_{i+1,j-1}}{2\Delta Y}+\frac{U_{i,j+1}-U_{i,j-1}}{2\Delta Y}\right)=$$

$$\frac{1}{2Re}\left(\frac{U_{i+1,j+1}-2U_{i+1,j}+U_{i+1,j-1}}{\Delta Y^2}+\frac{U_{i,j+1}-2U_{i,j}+U_{i,j-1}}{\Delta Y^2}\right) \quad (Eq.2.50)$$

$$+\frac{1}{2Re}\left(\frac{U_{i+1,j+1}-U_{i+1,j-1}}{2j\Delta Y^2}+\frac{U_{i,j+1}+U_{i,j-1}}{2j\Delta Y^2}\right)$$

La discrétisation de l'équation de la concentration au nœud (*i, j+1/2*) donne :

$$\left(\frac{U_{i+1,j}+U_{i,j}}{2}\right)\left(\frac{C_{i+1,j}-C_{i,j}}{\Delta X}\right)+\frac{1}{2}V_{i+\frac{1}{2},j}\left(\frac{C_{i+1,j+1}-C_{i+1,j-1}}{2\Delta Y}+\frac{C_{i,j+1}-C_{i,j-1}}{2\Delta Y}\right)=$$

$$\frac{1}{2ReSc}\left(\frac{C_{i+1,j+1}-2C_{i+1,j}+C_{i+1,j-1}}{\Delta Y^2}+\frac{C_{i,j+1}-2C_{i,j}+C_{i,j-1}}{\Delta Y^2}\right) \quad (Eq.\ 2.51)$$

$$+\frac{1}{2ReSc}\left(\frac{C_{i+1,j+1}-C_{i+1,j-1}}{2j\Delta Y^2}+\frac{C_{i,j+1}+C_{i,j-1}}{2j\Delta Y^2}\right)$$

2.5 Structure du jet isotherme

Tout le long de l'axe du jet en régime laminaire isotherme, on distingue trois zones différentes (*Figure 2.2*) :

➡ Zone proche du jet ou zone d'injection : La vitesse dans cette zone reste constante et égale à la vitesse d'injection. Elle est appelée "zone du noyau iso-vitesse", qui existe uniquement dans le cas d'un jet à profil initial uniforme. Le diamètre du noyau iso-vitesse diminue le long du jet, et donne lieu à une forme sensiblement conique. Dans les zones situées de part et d'autre du cône, les vitesses vont décroître pour se raccorder aux vitesses du milieu ambiant. Le raccordement des vitesses se fait par le freinage des particules du noyau du cœur potentiel et par entraînement du fluide ambiant qui va se mélanger avec le fluide généré par la buse d'injection. La zone périphérique de raccordement qui est le siège du mélange est appelée "zone de diffusion ou de mélange". Certains auteurs trouvent que ce mélange s'effectue avec de gros tourbillons limitant le jet. Toutefois un examen plus approfondi montre que sur les limites du jet, il y a une discontinuité importante de vitesse et que ce gradient important semble être la cause principale de ce mélange.

➡ Zone de transition : C'est la zone de transition qui règne avant l'établissement de l'écoulement. Les phénomènes dans cette zone sont imprévisibles et difficiles à appréhender.

➡ Zone d'affinité : Cette zone apparaît suite à l'érosion complète du noyau iso-vitesse par la diffusion périphérique. Tout l'écoulement est le siège du mélange. Dans cette région, le jet devient self-conservatif, c'est à dire que la structure du jet reste invariable et indépendante de la distance axiale.

C'est dans cette région qu'on estime avoir une solution affine des équations décrivant le jet.

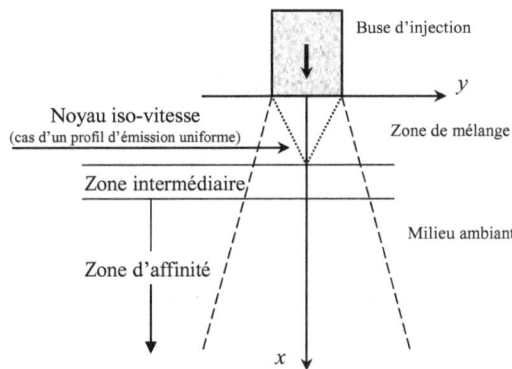

Figure 2.2 – *Structure du jet isotherme*

2.6 Résultats numériques

Le code de calcul numérique que nous avons développé nous a permis d'analyser les différents paramètres caractéristiques du jet isotherme en régime laminaire, suivant les deux cas de profil de la vitesse d'injection uniforme et parabolique. Notre travail a été en particulier orienté vers l'étude de l'influence de ces conditions d'émission sur le comportement hydrodynamique de l'écoulement, en examinant les résultats obtenus pour les champs de vitesse et de concentration.

Sur la *Figure 2.3*, nous représentons l'évolution de la vitesse longitudinale U en fonction de la cordonnée radiale *Y* pour un nombre de Reynolds égal à *1000*. On constate que les profils de la vitesse du jet sont très différents pour les deux cas de conditions initiales adoptées à la sortie de la buse. Cette différence s'atténue au fur et à mesure que l'on s'éloigne de la sortie de la buse. Mais on n'obtient pas de concordance des résultats même dans la zone du régime établi. On remarque que dans le cas du profil uniforme, la vitesse conserve une valeur constante pour des faibles distances *X*, ce qui montre l'existence du cône potentiel. Plus loin, ces profils présentent des allures gaussiennes qui s'aplatissent à fur et à mesure que *X* croit, avec une expansion plus importante du jet dans le cas du profil initial uniforme.

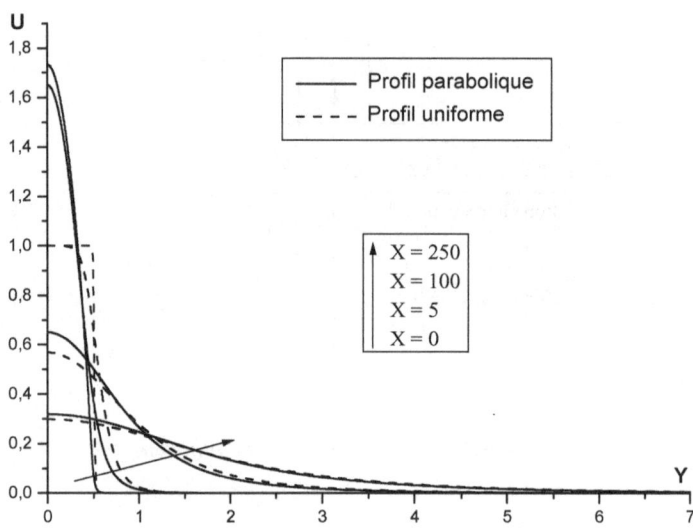

Figure 2.3 – *Evolution de la vitesse longitudinale U*
en fonction de Y pour Re = 1000

La *Figure 2.4* représente l'évolution de la vitesse réduite *Ur* (rapport de la vitesse longitudinale *U* et de la vitesse au centre *Uc*) en fonction de *Y/Y**, en différentes zones du jet pour un nombre de Reynolds égal à *1000*. *Y** correspond à l'ordonnée transversale pour laquelle *U = Uc/2*. Cette figure montre l'influence significative des conditions d'émission sur l'écoulement et met en relief la différence entre les profils obtenus qui s'atténue quand on s'éloigne de la zone d'injection du jet. Par contre, et indépendamment du nombre de

Reynolds et du profil d'émission, une concordance de ces profils est obtenue dans la zone d'écoulement établi localisée à une distance X voisine de *600*.

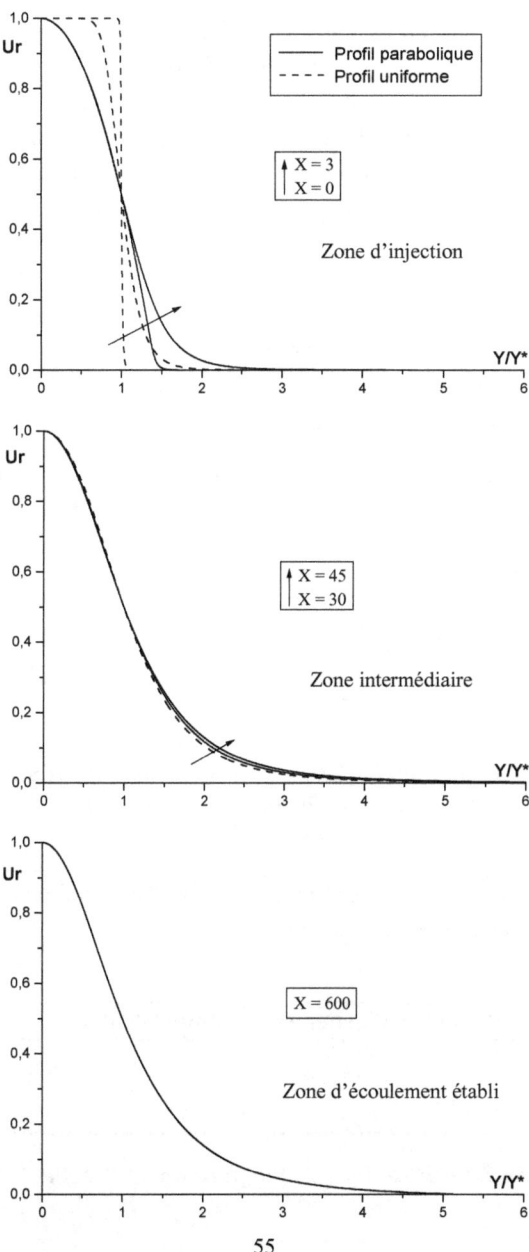

Figure 2.4 – *Profils de la vitesse réduite Ur*
en différentes zones du jet pour Re = 1000

Sur la *Figure 2.5*, nous représentons, pour les deux profils d'émission adoptés, l'évolution axiale de l'apparition de la zone d'affinité en fonction du nombre de Reynolds. On remarque sur cette figure que le début de la zone d'affinité $X_{affinité}$ varie linéairement en fonction de Reynolds. Pour un nombre de Reynolds donné, la zone d'affinité dans le cas d'un profil initial parabolique apparaît beaucoup plus à l'avant que pour le cas d'un profil initial uniforme.

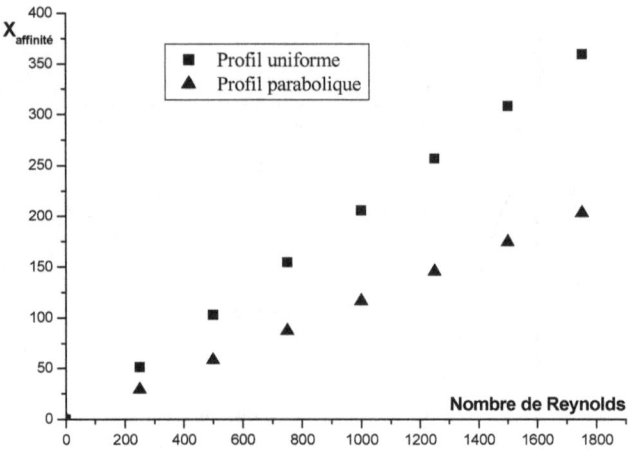

Figure 2.5 – *Evolution de l'abscisse d'apparition de la zone d'affinité*
en fonction du nombre de Reynolds

L'évolution de $X_{affinité}$ en fonction du nombre de Reynolds peut être décrite par les équations suivantes (*Tableau 2.1*) :

Profil initial uniforme	Profil initial parabolique
$X_{affinité} = 0,205 \cdot Re$	$X_{affinité} = 0,116 \cdot Re$

Tableau 2.1 – *Fonctions de l'apparition de la zone d'affinité*

L'évolution axiale du diamètre du noyau iso-vitesse $N_{iso\text{-}vitesse}$ en fonction du nombre de Reynolds est donnée par la *Figure 2.6*. Nous remarquons que ce noyau s'étend plus pour des nombres de Reynolds élevés. En effet, sur la *Figure 2.7*, les résultats obtenus montrent que cette étendue axiale $X_{Niso\text{-}vitesse}$ varie linéairement en fonction de Reynolds, suivant l'équation suivante :

$$X_{N_{iso\text{-}vitesse}} = 9,810^{-3} \cdot Re \qquad\qquad (Eq.\ 2.52)$$

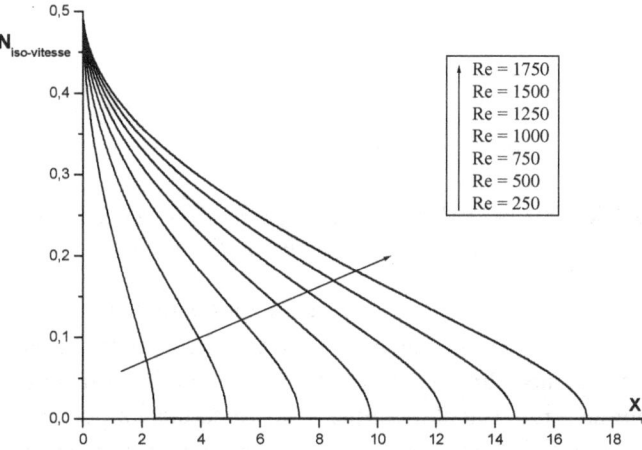

Figure 2.6 – *Evolution du diamètre du noyau iso-vitesse pour différents nombres de Reynolds*

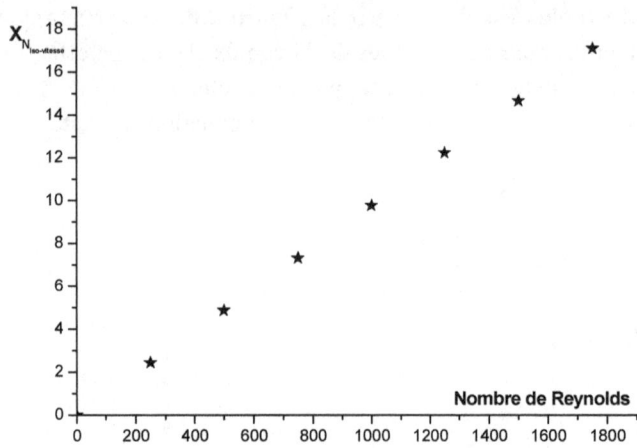

Figure 2.7 – *Evolution de la longueur du noyau iso-vitesse en fonction du nombre de Reynolds*

Sur les *Figure 2.8* et la *Figure 2.9*, représentant l'évolution axiale de la vitesse au centre *Uc* pour différents nombres de Reynolds, nous remarquons que cette vitesse reste toujours plus grande pour un profil initial parabolique que celle obtenue pour un profil initial uniforme. Pour ce dernier cas, cette grandeur dans la zone de sortie de la buse conserve une valeur constante mettant en évidence l'existence du noyau iso-vitesse. Cette grandeur décroît dès la sortie de la buse pour un profil initial parabolique. Par ailleurs, on remarque pour des distances X élevées, l'existence d'un léger décalage entre les résultats obtenus pour les deux types de conditions initiales d'émission.

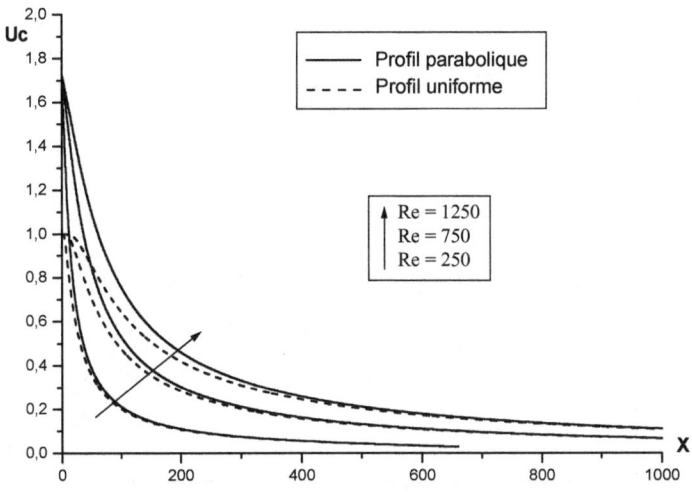

Figure 2.8 – *Evolution axiale de la vitesse centrale Uc
pour différents nombres de Reynolds*

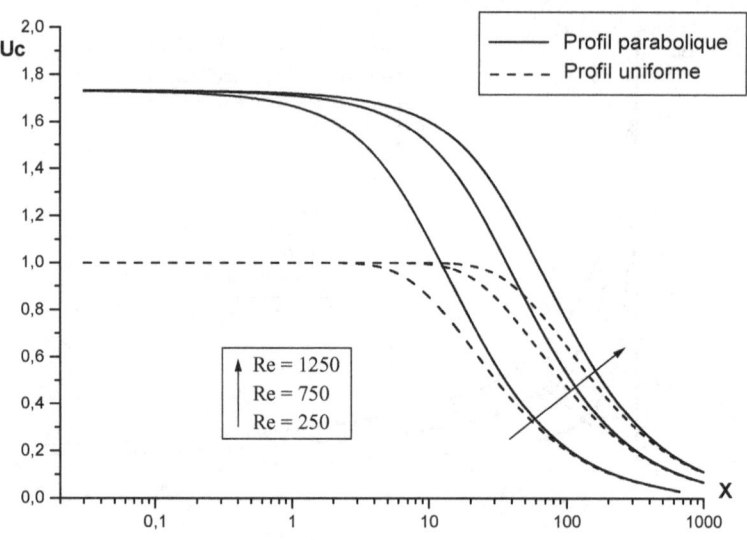

Figure 2.9 – *Profils de la vitesse centrale Uc*
pour différents nombres de Reynolds

Afin de comparer nos résultats numériques avec les résultats analytiques proposés par Fonade [Fonade 1967], nous représentons, sur la *Figure 2.10*, l'évolution de la vitesse centrale modifiée Uc/Re_D en fonction du nombre de Reynolds et pour les deux conditions initiales d'émission. Les résultats de cette figure constituent une première validation de nos résultats comparés à ceux de Fonade dans la zone du régime établi. Cette zone se situe à une distance X de la buse d'injection voisine de *500*. Ces résultats montrent que pour cette distance, les conditions initiales d'émission sont ignorées et le profil de Uc/Re_D vérifie de manière convenable la loi proposée par Fonade :

$$Uc = \frac{3 \cdot Re_D}{32 \cdot X}$$

(Eq. 2.53)

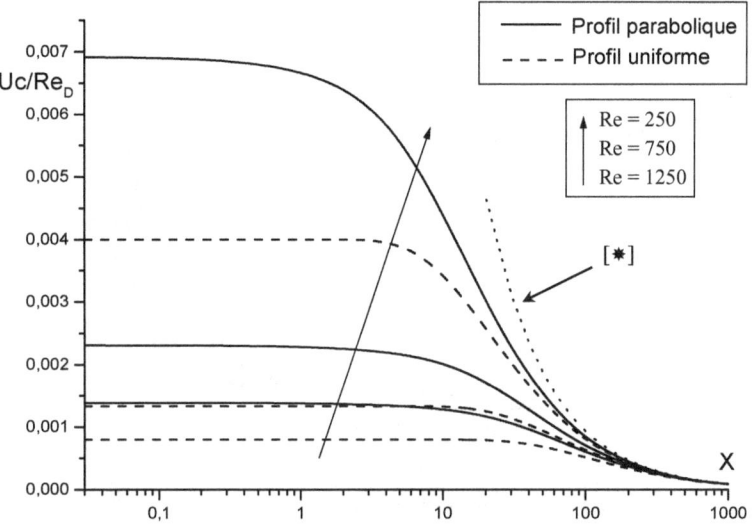

Figure 2.10 – *Evolution axiale de la vitesse centrale modifiée Uc/Re$_D$*
pour différents nombres de Reynolds
[✱] : Résultat analytique de Fonade [Fonade 1967]

Sur la *Figure 2.11*, nous représentons l'évolution axiale de la demi-épaisseur du jet Y* pour différents nombres de Reynolds. Sur cette figure, nous constatons que les profils initiaux d'émission sont ignorés dans le zone d'écoulement établi, et pour une hauteur X donnée, le jet présente une largeur plus importante pour les nombres de Reynolds faibles.

Afin de comparer nos résultats avec des résultats analytiques, on représente sur la *Figure 2.12* l'évolution de la demi-épaisseur du jet comparée à la relation proposée par Fonade [Fonade 1967] :

$$Y^* = \frac{6 \cdot X}{Re_D} \qquad (Eq.\ 2.54)$$

Une bonne concordance entre les deux résultats est constatée dans la zone d'écoulement établi.

61

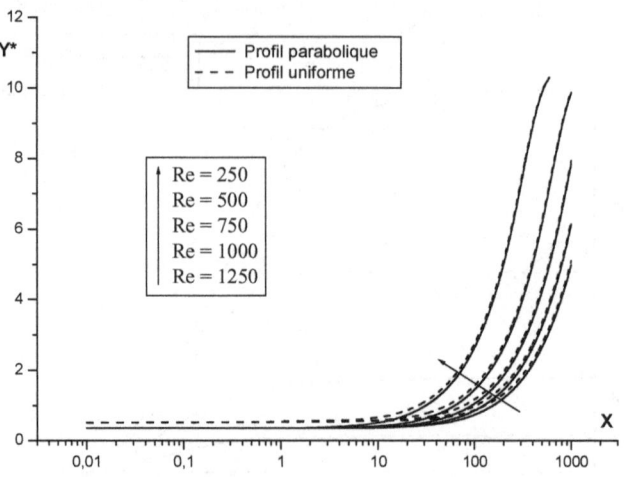

Figure 2.11 – *Evolution axiale de la demi-épaisseur du jet Y**
pour différents nombres de Reynolds

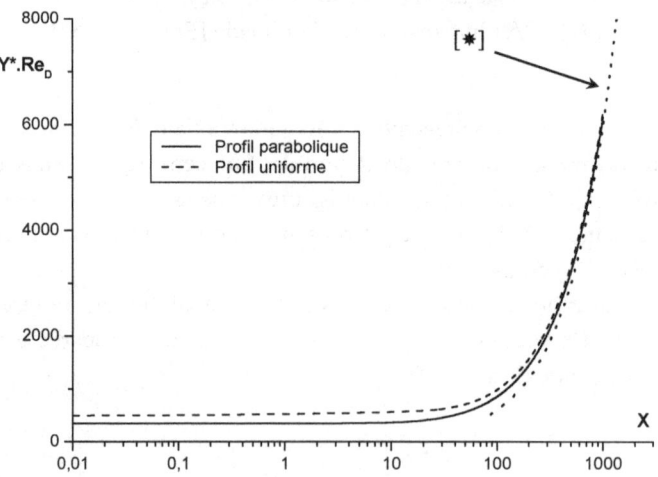

Figure 2.12 – *Evolution de la demi-épaisseur du jet pour Re = 1000*
[✽] : Résultat analytique de Fonade [Fonade 1967]

L'évolution de la composante transversale V de la vitesse est représentée sur la *Figure 2.13* pour les deux cas du profil initial d'injection. Cette vitesse est nulle au voisinage de l'axe du jet et présente un palier à vitesse nulle dans le cas d'un profil uniforme. On constate en particulier que ce palier se dégrade avec la distance X. D'autre part l'entraînement de l'air du milieu environnant induit des vitesses V négatives à partir d'une certaine valeur de Y voisine de *0,5*. Cependant le maximum de cette vitesse, qui dans l'axe du jet est égale à *0,5*, diminue notablement avec les valeurs de X croissantes avec un faible décalage vers des Y supérieurs à *0,5*.

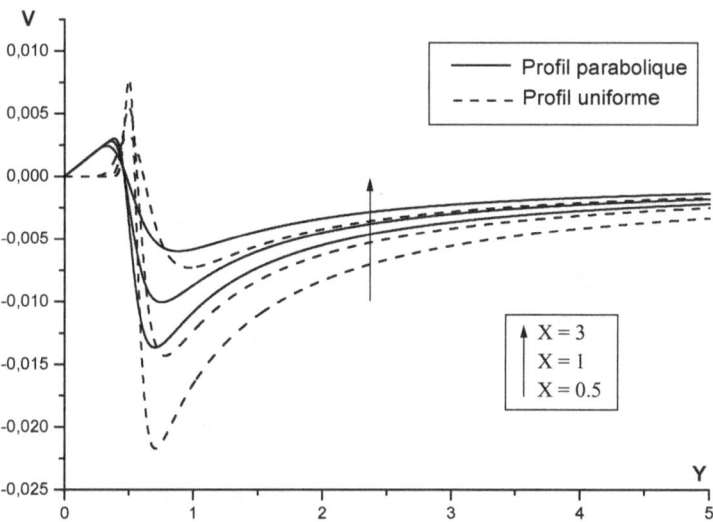

Figure 2.13 – *Evolution radiale de la vitesse transversale V pour Re = 1000*

Pour la résolution numérique du système d'équations tenant compte de l'équation de la concentration, nous utilisons un maillage uniforme suivant la direction transversale Y avec un pas plus petit $\Delta Y = 10^{-5}$. Le pas suivant la direction longitudinale X étant égal à 10^{-2}. L'utilisation d'un pas plus fin suivant la direction Y provient du fait de l'apparition des irrégularités dans les profils de concentration comme le montre la *Figure 2.14*. Cependant, les problèmes de stabilité numérique sont remarqués pour des nombres de Schmidt au delà de *10000*.

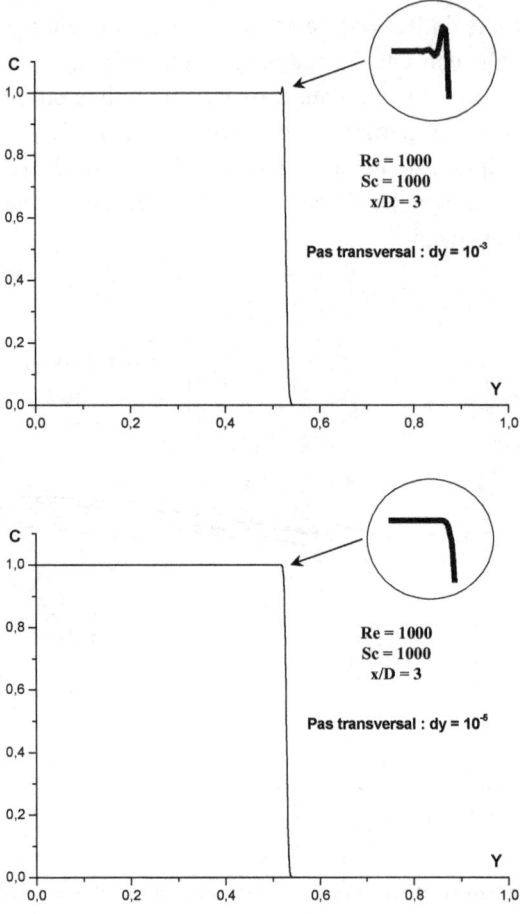

Figure 2.14 – *Problème de stabilité numérique pour les profils de concentration*

Sur la *Figure 2.15*, nous présentons l'évolution de la vitesse longitudinale *U* et de la concentration *C* en différentes sections du jet, pour un nombre de Schmidt *Sc = 1000* et un nombre de Reynolds *Re = 1000*.

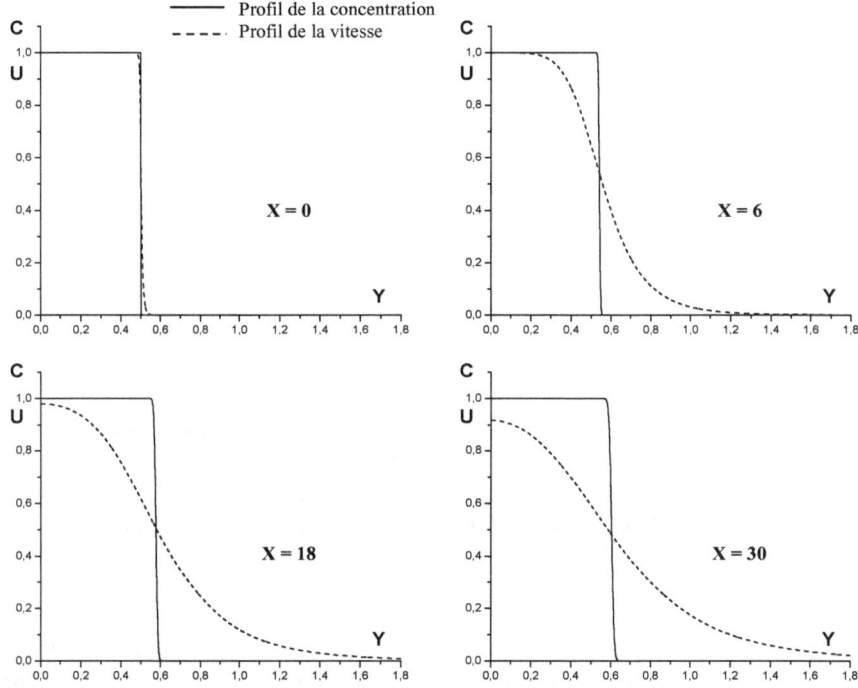

Figure 2.15 – *Profils de la vitesse longitudinale U et de la concentration C en différentes hauteurs du jet pour Re = 1000 et Sc = 1000*

A la sortie de la buse ($X = 0$), les deux profils de vitesse et de concentration présentent les mêmes allures correspondant aux profils d'émission uniformes. Au fur et à mesure qu'on s'éloigne de la sortie de la buse, le champ de concentration de particules devient tout à fait différent du champ de vitesse. En effet, en $X = 30$ la largeur du champ de concentration est $Y_C \approx 0,63$, tandis que la largeur du champ de vitesse basée sur le point où la vitesse est *10 %* de la vitesse sur l'axe est $Y_U \approx 1,2$. Nous vérifions que le débit volume Q se conserve dans toutes les sections du jet comme le montre la *Figure 2.16*. Le débit volume Q étant donné par l'expression suivante :

$$Q = \int_0^\infty 2\pi y.U(y).C(y).dy \qquad \text{(Eq. 2.53)}$$

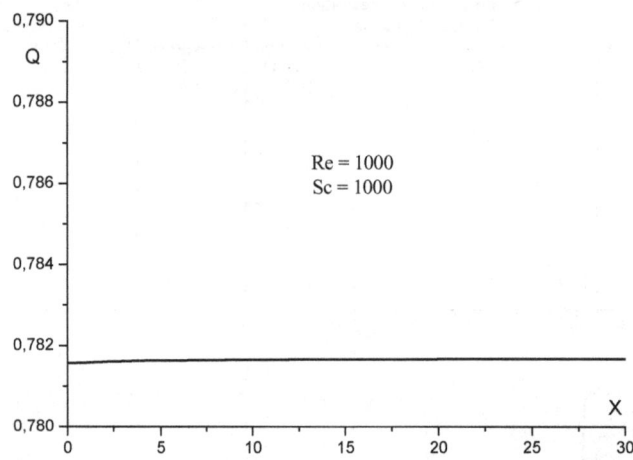

Figure 2.16 – Débit volume Q des particules en fonction de X

De $X = 0$ à $X = 30$, nous remarquons que le profil de la concentration garde son état uniforme alors qu'il subit un élargissement lorsqu'on s'éloigne de la sortie de la buse. En effet, le profil de concentration s'élargit d'environs *15%* lorsqu'on passe de $X = 0$ à $X = 30$ comme le montre la *Figure 2.17*.

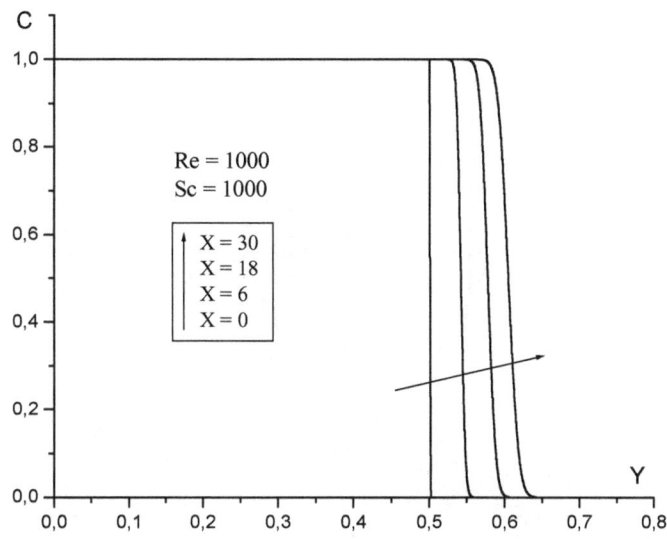

Figure 2.17 – *Evolution de la concentration C en différentes sections du jet*

Sur la *Figure 2.18*, on représente l'évolution du champ de concentration *C* pour *Re = 1000* et différents nombres de Schmidt, en une section du jet (*X = 24*).

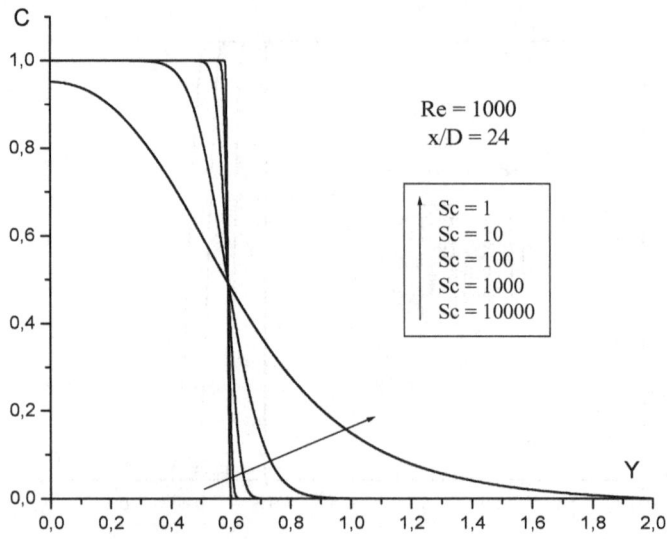

Figure 2.18 – *Evolution du champ de concentration en fonction du nombre de Schmidt*

Pour un nombre de Schmidt *Sc = 1*, le profil de concentration est identique à celui de la vitesse. On constate sur cette figure que la largeur du champ de concentration est faible pour les grands nombres de Schmidt. Le champ de concentration est plus large lorsque le nombre de Schmidt diminue. En effet, la diffusivité des particules est beaucoup plus importante pour les faibles nombres de Schmidt.

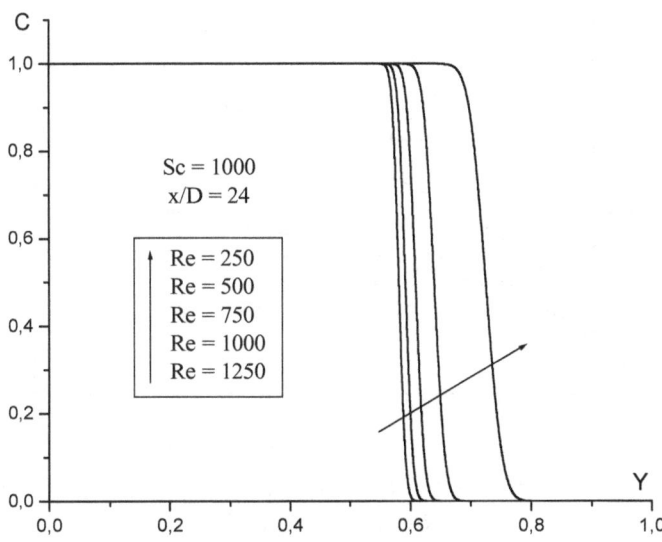

Figure 2.19 – *Evolution du champ de concentration*
en fonction du nombre de Reynolds

Les courbes de la *Figure 2.19* montrent l'évolution du champ de concentration
en fonction du nombre de Reynolds, en une hauteur du jet $X = 24$. On remarque
des champs de concentration plus larges pour des nombres de Reynolds faibles.

Les courbes de la *Figure 2.20* et la *Figure 2.21* montrent l'évolution de la
largeur du champ de concentration tout le long de l'axe du jet en fonction du
nombre de Schmidt et du nombre de Reynolds.

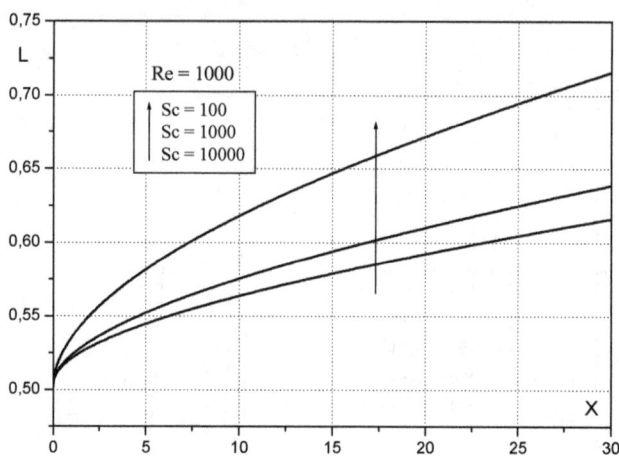

Figure 2.20 – *Evolution de la largeur L du champ de concentration en fonction du nombre de Schmidt*

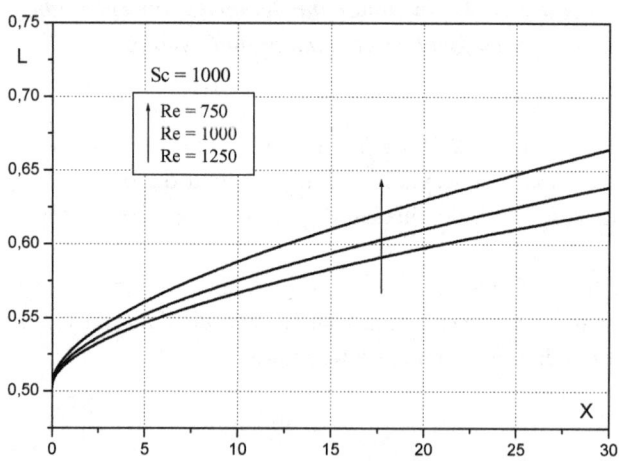

Figure 2.21 – *Evolution de la largeur L du champ de concentration en fonction du nombre de Reynolds*

Sur la *Figure 2.22* est présentée l'évolution de la concentration au centre *Cc* en fonction des nombres de Reynolds. On constate sur cette figure que la concentration demeure constante dans la région de proche sortie du jet. En revanche, elle décroît tout en s'éloignant de la buse.

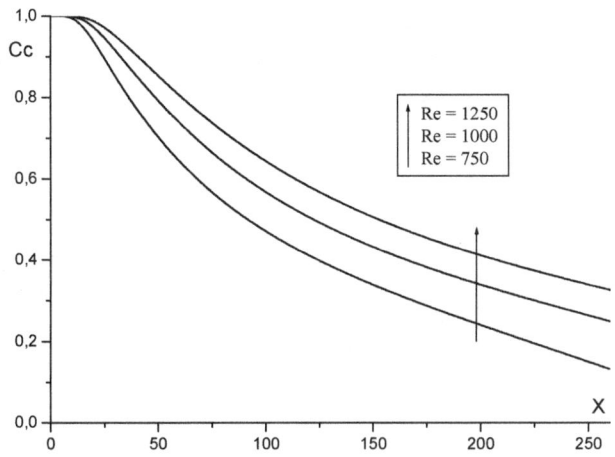

Figure 2.22 – *Evolution axiale de la concentration au centre pour différents nombres de Reynolds*

2.7 Conclusion

Dans ce chapitre, l'étude proposée est relative à une étude numérique d'un jet axisymétrique laminaire isotherme qui débouche d'une buse circulaire dans un environnement au repos. Notre travail a été orienté vers l'étude de l'influence des conditions d'émission du gaz à la section d'injection sur les paramètres de l'écoulement à partir de l'analyse des résultats numériques concernant le champ de vitesse. Le code de calcul numérique que nous avons développé utilise une méthode aux différences finies à maillage décalé. Les résultats obtenus ne concordent avec ceux proposés dans la littérature que dans la zone d'affinité. Par ailleurs les conditions d'émission sont ignorées dans la zone d'écoulement établi.

La deuxième partie constitue une contribution à l'étude du champ de concentration de tels écoulements. Le code de calcul élaboré permet de simuler l'évolution axiale et radiale du champ de la concentration avec un maillage plus fin. En revanche, pour des nombres de Schmidt élevés (de l'ordre de 10^4), des problèmes de stabilité numérique apparaissent.

Références bibliographiques

[Ben Aissia 1999]   BEN AISSIA H.
Etude expérimentale par laser de la transition laminaire-turbulent d'un
jet axisymétrique
Journées Internationales de Thermique JITH99,   pp. 155-160,
Bruxelles, 1999

[Ben Aissia 2000]   BEN AISSIA H., ZAOUALI Y. et EL GOLLI S.
Analyse numérique des conditions d'émission sur un écoulement de
type jet circulaire en régime laminaire
Lebanese Science Journal, vol. 1, n° 2, pp. 91-101, 2000

[Ben Aissia 2002a]   BEN AISSIA H., ZAOUALI Y. and EL GOLLI S.
Numerical study of the influence of dynamic and thermal exit
conditions on axisymmetric laminar buoyant jet
Numerical Heat Transfer: Applications, vol. 42, n° 4, pp. 427–444,
2002

[Ben Aissia 2002b]   BEN AISSIA H.
Etude numérique et expérimentale par imagerie et Anémomètrie Laser
Doppler d'un jet axisymétrique
Thèse d'Etat, Université Tunis El-Manar, Faculté des Sciences de
Tunis, mai 2002

[Demuren 1994]   DEMUREN A.O.
Multigrid acceleration and turbulence models for computations of 3D
turbulent jets in cross flow
Int. J. Heat and Mass Transfer, vol. 35, n° 11, pp. 2783-2794, 1994

[Fonade 1967]   FONADE C.
Etude des jets - Application à la fluidique
Institut National Polytechnique de Toulouse, 1967

[Gros 1998]   GROS N.
Contribution à l'étude expérimentale du jet d'air plan en régime de
convection mixte favorable
Thèse de l'Université de Poitiers, France, 1998

[Martynenko   MARTYNENK O. G., KOROVKIN V.N., and SOKOVISHIN Y. A.
1989]   The class of self-similar solutions for laminar buoyant jets
Int. J. Heat and Mass Transfer, vol. 32, n° 12 , pp. 2297–2307,1989

[Martynenko   MARTYNENKO O.G. and KOROVIN V.N.
1994]   Flow and heat transfer in round vertical buoyant jets
Int. J. Heat and Mass Transfer, vol. 37, pp. 51-58, 1994

[Mhiri 1998]   MHIRI H., EL GOLLI S., LEPALEC G. et BOURNOT P.
Influence des conditions d'émission sur un écoulement de type jet plan
laminaire isotherme ou chauffé

Revue Générale de Thermique, vol. 37, pp. 898-910, 1998

[Mollendorf 1973]   MOLLENDORF J. C. and GEBHART B.
Thermal buoyancy in round laminar vertical
Int. J. Heat and Mass Transfer, vol. 16, pp. 735-745, 1973

[Schlichting 1979]   SCHLICHTING H.
Boundary layer theory
McGRAW-HILL Company, 7th Edition, 1979

Chapitre 3

TECHNIQUES DE MESURE ET DISPOSITIFS EXPERIMENTAUX

Dans la première partie de ce chapitre, nous présentons la métrologie mise œuvre pour la mesure de vitesse, la technique de visualisation de l'écoulement, le traitement des images,…

Ensuite, nous effectuons une description des deux dispositifs expérimentaux sur lesquels nous avons travaillé :

☞ Le premier est un jet d'eau dans l'eau ascendant et qui a servi essentiellement pour la mesure du champ de vitesse par la technique de PIV. C'est le dispositif expérimental du Laboratoire de Traitement du Signal et Instrumentation de Saint-Etienne (*Figure 3.1*).

☞ Le second permettant l'étude de l'écoulement de type jet d'air libre axisymétrique. C'est le dispositif expérimental de l'Unité de Métrologie en Mécanique des Fluides et Thermique de Monastir, sur lequel des visualisations des modes d'instabilité dans la zone de transition du jet et des mesures de vitesse ont pu être réalisées. En outre ce dispositif, nous a permis de valider l'étude numérique sur le jet laminaire entreprise et présentée dans le *Chapitre 2* (*Figure 3.2*).

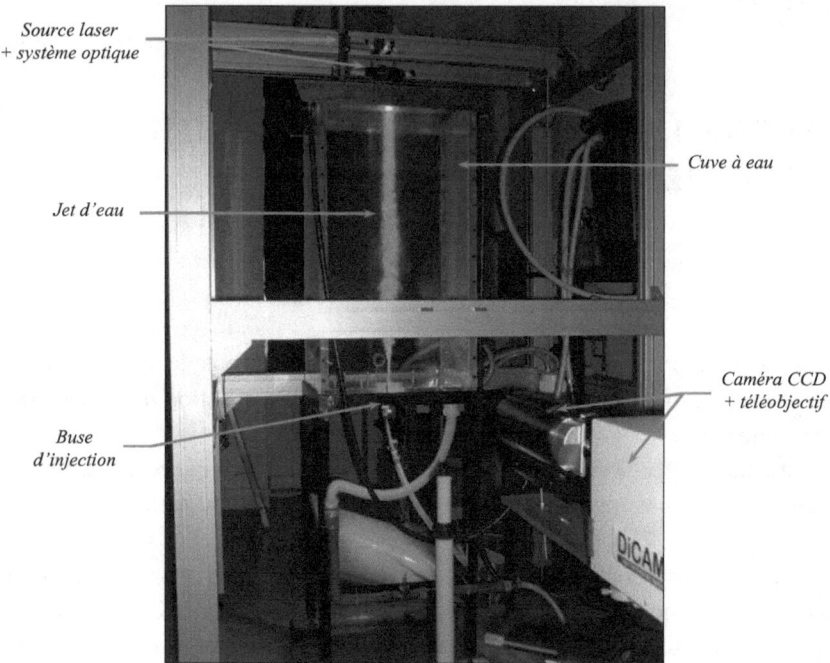

Source laser
+ système optique

Jet d'eau

Buse
d'injection

Cuve à eau

Caméra CCD
+ téléobjectif

Figure 3.1 *– Photo de l'installation expérimentale du jet d'eau du LTSI*

La fin du chapitre est consacrée à l'étalonnage des caméras, première étape pour
la visualisation des jets avec deux caméras et la mesure des trois composantes de
la vitesse par la PIV stéréoscopique. Le principe de l'étalonnage et une mise en
œuvre pratique sur un système composée d'une caméra sont présentés.

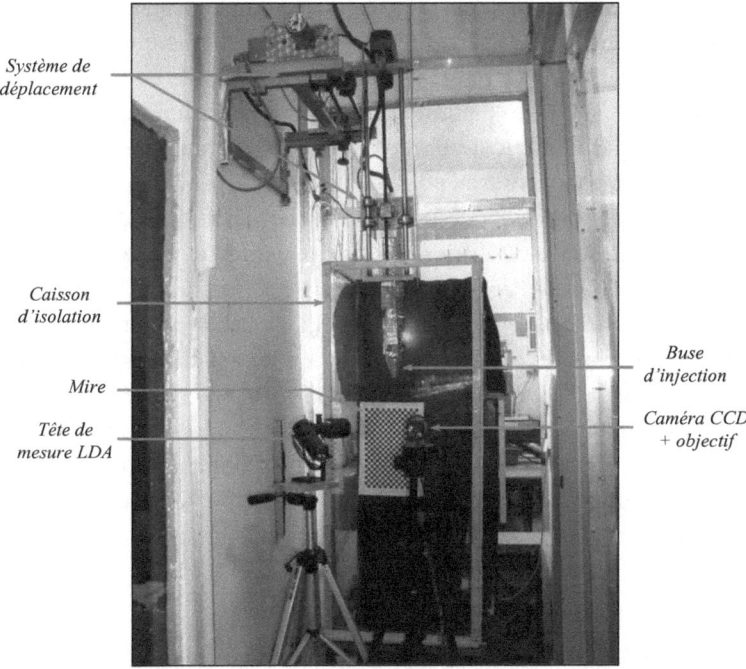

Système de déplacement

Caisson d'isolation

Mire

Tête de mesure LDA

Buse d'injection

Caméra CCD + objectif

***Figure 3.2** – Photo de l'installation expérimentale du jet d'air de l'UMMFT*

3.1 La Vélocimétrie par Images de Particules

3.1.1 Introduction

En dynamique des fluides expérimentale, la vitesse constitue la grandeur physique la plus "recherchée" et demeure un des paramètres les plus importants dans la caractérisation de l'aérodynamique d'un écoulement. De ce fait, plusieurs moyens et techniques en permettant la mesure ont fait l'objet de nombreuses études ayant comme objectif le développement de méthodes de mesure réelles et non-intrusives autres que les moyens de mesure traditionnels (les sondes de pressions et les anémomètres à fil chaud).

Actuellement, on utilise deux techniques de mesure laser permettant la détection de la vitesse : la LDV et la PIV.

☞ La LDV (Laser Doppler Velocimetry) consiste à faire croiser deux faisceaux laser monochromatiques et cohérents sur un point de l'écoulement. A la croisée de ces faisceaux se créé, dans un volume appelé volume de mesure, un réseau de franges d'interférences. Une particule P diffuse une lumière d'intensité variant suivant qu'elle traverse une frange brillante ou sombre de ce réseau. Le signal récupéré en fin de la chaîne de traitement suivant la mesure de l'intensité de la lumière diffusée par la particule P, recueillie au photomultiplicateur, permet de déterminer la vitesse moyenne au point de mesure.

Ce procédé est très utilisé pour les mesures de débit dans des conduites où l'introduction d'une sonde est difficile (industrie chimique, petites conduites,…)

☞ La PIV (Particle Image Velocimetry) consiste à ensemencer l'écoulement par des marqueurs (ou traceurs). On éclaire cet écoulement par une tranche laser et on enregistre des images (des clichés) des particules-traceurs à des instants successifs. Il suffit alors de déterminer la distance séparant ces images successives pour connaître le déplacement local du fluide. Comme on enregistre simultanément les images de toutes les particules illuminées dans un plan ou dans un volume, on accède bien au champ instantané de vitesses. La PIV permet alors d'obtenir des cartes bidimensionnelles instantanées des déplacements du fluide.

Dans cette partie, nous ferons le point sur l'évolution historique de la PIV. Nous présenterons ensuite les principes de ce diagnostic récent. Une description de la chaîne de mesure par PIV sera présentée : la visualisation des écoulements (ensemencement, illumination), l'acquisition et la prise des clichés et enfin les différentes méthodes et techniques de traitement des images utilisées.

3.1.2 Evolution historique de la PIV

La technique nommée actuellement PIV est née sous le nom de Laser Speckle Velocimetry. Plusieurs travaux ont été consacrés à son développement à partir de la deuxième moitié des années 70, notamment par Dudderar et Simpkins [Dudderar 1977]. Au début des années 80, Meynart a exploré la technique et l'a appliqué aux écoulements turbulents [Meynart 1983a, Meynart 1983b]. Peu de temps après, Adrian [Adrian 1983] et Lourenco [Lourenco 1984] ont pu effectué eux aussi des études systématiques de cette nouvelle technique qui à l'époque était nommée PIDV soit en Anglais Particle Image Displacement Velocimetry.

A partir de 1988 la technique a vu une évolution rapide suite aux progrès enregistrés dans le domaine des lasers pulsés ainsi que dans l'imagerie numérique. Des techniques complémentaires ont aussi vu le jour à cette époque telles que la détermination du signe de la vitesse [Gauthier 1988a] ou les mesures de trois composantes de vitesse [Gauthier 1988b]...

L'activité associée à cette méthode de mesure a connu alors une importante augmentation. C'est ainsi que les techniques entièrement numériques se sont développées [Lourenco 1991].

Depuis 1986, de nombreuses applications de la PIV sont apparues, y compris dans des écoulements complexes [Paone 1989, Raffel 1996a, Raffel 1996b]. En 1990, les premières expériences utilisant des caméras vidéo ont été présentées [Riethmuller 1990]. Depuis, la technique vidéo s'est réellement généralisée et a donné à la PIV un élan encore accru. Cet accroissement d'intérêt dans cette technique de mesure a été décrit dans les analyses de synthèse présentées par Riethmuller en 1992 [Riethmuller 1992] et en 1996 [Riethmuller 1996]. Dans les congrès les plus récents, on peut même constater que beaucoup d'auteurs rapportent des expériences dans lesquelles la PIV est simplement utilisée au même titre qu'une sonde de pression ou qu'un anémomètre à fil chaud. La généralisation de la vidéo joue un rôle prépondérant dans cet état de choses.

On peut donc dire que le développement de la PIV est maintenant sorti de sa phase préliminaire et que l'on entre dans une phase d'exploitation. Parallèlement à son utilisation, de nombreux développements sont toujours en cours.

3.1.3 Principe de la PIV

La PIV est une méthode de mesure de vitesse non-intrusive, instantanée et bidimensionnelle. Son principe général consiste à enregistrer des images de particules (traceurs) à des instants successifs. La comparaison de deux images successives permet de remonter localement au déplacement du fluide et ainsi d'accéder au champ des vitesses à un instant donné. La mise en œuvre d'une telle technique de mesure repose sur quatre étapes distinctes :

- ☞ L'ensemencement de l'écoulement,
- ☞ La création d'un plan lumineux,
- ☞ L'acquisition et le traitement des images,
- ☞ Le post-traitement des données.

3.1.3.1 Ensemencement

Les techniques de visualisations consistent à rendre visible les particules fluides en observant le mouvement de matériaux étrangers adéquats (traceurs) ajoutés au fluide en mouvement. Par conséquent, on ne mesure pas directement la vitesse de l'écoulement mais plutôt celle des particules en suspension dans l'écoulement. Les traceurs doivent évidemment être de petite taille afin de ne pas perturber l'écoulement, suffisamment gros pour être observés et de masse volumique la plus proche possible de celle du fluide porteur. En plus, les particules doivent toutefois produire suffisamment de lumière diffusée pour pouvoir assurer un enregistrement et cela interdit l'usage de particules trop petites. Le plus souvent, on fera appel à des particules de *1* à *10* microns. Il est très important de noter que l'image enregistrée est normalement plus grande que sa taille théorique, facteur de grossissement compris. En effet, dans cette gamme de diamètre de particules, la dimension de l'image est principalement déterminée par la diffraction de l'objectif utilisé. Définissons d_i comme le diamètre effectif de l'image de la particule. Nous pouvons l'exprimer par la relation suivante :

$$d_i = \sqrt{(M^2 d_p^2 + d_e^2)} \qquad\qquad (Eq.\ 3.1)$$

où M est le grossissement, d_p est le diamètre des particules et d_e est le diamètre de l'image de diffraction des particules. Ce dernier est donné par la relation suivante [Riethmuller 1997] :

$$d_e = 2,44(1+M)f\#\lambda \qquad\qquad (Eq.\ 3.2)$$

$f\#$ est l'ouverture numérique de l'optique (typiquement entre *1,4* et *11*) et λ est la longueur d'onde du laser utilisé. Noter que dans la plupart des cas, lorsque l'on utilise des petits traceurs et un grossissement proche de *1*, le diamètre de l'image est donné approximativement par la relation (*Eq. 3.2*).

Le succès de la technique de mesure par PIV dépend de la combinaison de nombreux facteurs. Parmi ceux-ci la concentration de traceurs est l'un des plus importants. Si la concentration des traceurs est trop élevée, le mode de diffusion de lumière ne sera plus de la PIV pure. Les traceurs ne seront plus visibles individuellement sur les enregistrements et nous emploierons un mode dit de Vélocimétrie par Speckle. Dans ce cas, l'image présentera une apparence nuageuse avec des taches multiples qui se déplacent. Il n'est pas impossible de mesurer les champs de vitesse dans ce mode, mais le rapport signal/bruit est beaucoup plus faible qu'en mode PIV. Dans le mode PIV, la concentration est telle que les images individuelles des particules sont visibles. Si la concentration est trop faible, les particules ne seront pas distribuées partout et l'on ne pourra pas obtenir la vitesse en tous les points du champ étudié. Il est donc essentiel d'ajuster avec le plus grand soin la concentration de traceurs de telle sorte qu'elle soit la plus élevée possible mais sans entrer dans le mode de Speckle. En pratique, le mode de PIV est obtenu pour une concentration de 10^{10} à 10^{11} particules par m^3 alors qu'il faut environ 10^{11} à 10^{12} particules par m^3 pour être en mode de Speckle. La concentration maximale C pour assurer le mode PIV est donnée par la relation suivante [Riethmuller 1997] :

$$\sqrt{(1/\Delta z\ C)} >> d_i/M \qquad\qquad (Eq.\ 3.3)$$

où d_i est le diamètre de l'image donné en (*Eq. 3.1*) et Δz l'épaisseur du feuillet lumineux (tranche laser).

L'ensemencement dépend donc des conditions expérimentales : on distingue les traceurs continus (colorants, fumées, …) qui donnent en général des informations qualitatives et les traceurs individualisés (particules, solides, bulles, …) qui donnent accès à des grandeurs quantitatives.

A titre d'exemples, nous citons quelques propriétés des traceurs particulièrement utilisés :

Nature du traceur	Diamètre d_p	Fluide étudié Vitesse	Référence
Traceurs liquides			
Gouttelettes d'huile légère (aérosol)	~ 1 à 2 μm	Air 1,73 m /s	[Meynart 1983]
Lait (suspension colloïdale)	~ 3 à 20 μm	Eau 1,6 mm/s	[Grobel 1991]
Encre de chine		Eau 2 m/s	[Lahbabi 1992]
Aérosols	~ 1 μm	Air $Re \approx 1000$ à 7200	[Caminat 1999]
Huile d'olive	1,5 μm	Gaz (hélium, air ou CO_2)	[Page 1999]
Traceurs gazeux			
Fumée d'encens	1 μm		[Schon 1984]
Bulles d'air		Eau de 0,52 à 3 m/s	[Stefanini 1992]
Microbulles d'air		Eau 20 m/s	[Rouland 1994]
Bulles d'hydrogène		Eau	[Edge 1994]
Fumée utilisant du PEG	~ 1 μm	Air $Re \approx 6700$ à 21000	[Foucaut 1999]
Traceurs solides			
Aloxite (poudre)	~ 4 à 12 μm	Air 300	[Balint 1982]
Sphères de latex	5,8 μm	Glycérine + eau 50 μm /s	[Meynart 1983]

Tableau 3.1 *– Quelques types de traceurs utilisés*
pour la visualisation des écoulements

Les structures de l'écoulement seront donc mises en évidence par addition de particules qui doivent assurer une bonne diffusion de la lumière incidente. Les particules ne doivent pas introduire, de par leur forme, des directions privilégiées de diffusion de la lumière. Le choix du bon traceur est donc affaire de compromis entre son comportement mécanique et son comportement optique.

3.1.3.2 Plan lumineux

La PIV requiert la génération d'un plan lumineux permettent d'éclairer correctement les particules d'ensemencement dans une zone d'étude bien déterminée. La source Laser a été communément adoptée par la communauté de par son fort caractère énergétique.

Deux types de Laser peuvent être utilisés :

♦ **Le Laser continu :** La mise en œuvre d'un système de tomographie laser est facilitée par l'utilisation de sources continues. Les possibilités d'exposition des images ne sont plus conditionnées par la source lumineuse mais par un système d'obturation.

Deux types d'obturation peuvent être distingués. Il y a d'une part, les obturateurs agissant sur le faisceau lumineux et d'autre part, les obturateurs agissant sur les systèmes mêmes d'acquisition des images.

Les obturateurs de faisceau sont souvent électromécaniques et ne permettent que des temps d'exposition supérieurs à *100 μs* ce qui est restrictif pour de nombreux écoulements. Cette solution est rarement mise en œuvre.

La seconde solution consiste à obturer l'entrée de la caméra. Là encore, les systèmes d'obturation courants (électromécaniques ou cristaux liquides) qui s'interposent entre l'objectif et la caméra n'offrent pas des performances suffisantes de rapidité. Les obturateurs électroniques, intégrés sur les capteurs CCD dits à transfert interlignes, agissent directement sur le temps d'intégration de la lumière sur le capteur, au moyen d'une commande électrique. Cette technologie de capteurs CCD permet d'accéder à des temps d'exposition très courts de l'ordre de la microseconde.

L'utilisation d'un intensificateur de lumière apporte une solution d'obturation satisfaisante [Zara 1996]. Il permet tout d'abord un réglage précis du temps d'exposition des caméras par une simple commande électrique, jusqu'à des temps de l'ordre de la dizaine de nanosecondes. Il est possible de contrôler à la fois la période d'ouverture et la position dans la période image du capteur CCD. De plus, l'intensificateur joue le rôle d'amplificateur de lumière, ce qui donne la possibilité d'utiliser des sources continues de moindre puissance. Egalement, avec l'utilisation de l'intensificateur, il est possible d'avoir des temps d'exposition plus courts à puissance lumineuse constante.

♦ **Le Laser pulsé :** Les lasers pulsés (rubis, Nd-Yag, vapeurs de cuivre) peuvent délivrer des impulsions très courtes (de l'ordre de *10 ns*) dont la période peut être réglée. L'énergie lumineuse délivrée à chaque impulsion est très supérieure à celle d'un laser continu pendant le même intervalle de temps. L'aspect énergétique de l'éclairage est intéressant pour les petits champs et les phénomènes rapides.

Cependant, les lasers pulsés ont le plus souvent une faible cadence de répétition (< *100 Hz*). D'autre part, les temps de pose longs sont exclus puisque la durée maximale des impulsions est de l'ordre de la dizaine de micro secondes, ce qui ne permet pas un suivi temporel des phénomènes observés, comme peuvent le faire les lasers continus.

D'un point de vue pratique, l'utilisation de lasers pulsés est délicate du fait des importantes puissances mises en jeu. De plus, ce sont des systèmes lourds et difficilement transportables (encombrement, fragilité, nécessité d'un circuit hydraulique de refroidissement...). Leur prix est par ailleurs élevé par rapport à celui de sources continues de moindre puissance.

Outre la source laser, un système optique, composé de lentilles cylindrique et sphérique permet de transformer le faisceau incident du laser en une nappe de faible épaisseur (quelques millimètres) (*Figure 3.3*).

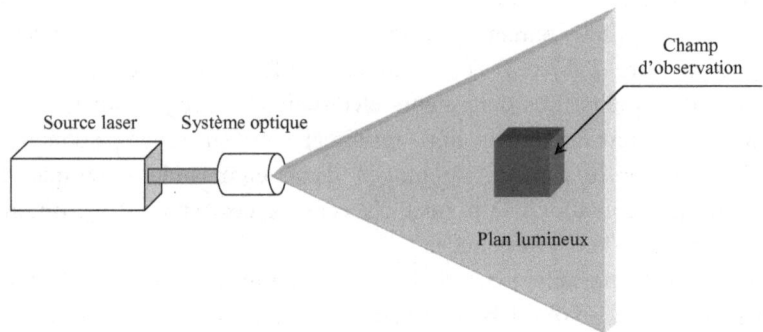

Figure 3.3 – *Schéma de principe de création d'un plan lumineux*

3.1.3.3 Acquisition des images

Le principe général d'acquisition d'images repose sur l'enregistrement de deux images successives qui sont numérisées puis stockées en mémoire pour être traitées numériquement dans une phase ultérieure. Ces traitements permettent alors de calculer, via des algorithmes numériques, les champs de vecteurs de l'écoulement.

En matière de système vidéo, deux technologies de capteurs d'images (CCD et CMOS) bénéficient aujourd'hui d'une maturité sans égale :

➡ Les capteurs d'images à transfert de charge CCD (*Charge Coupled Device*) constituent un bon compromis entre rapidité et haute résolution. Ils permettent d'effectuer le traitement d'images pratiquement en temps réel. De ce fait ils sont majoritairement utilisés et ont quasiment remplacé toutes les autres caméras (caméra à film, photographie argentique).

Une caméra CCD est constituée d'un réseau de capteurs à transfert de charges, répartis suivant une matrice dans un plan : matrice de pixel, à maille rectangulaire ou carrée. Les photons issus de la lumière incidente génèrent des charges en frappant les capteurs. Le transfert de ces charges sensiblement proportionnel à l'illumination est converti en signal électrique.

➡ Les capteurs d'images CMOS (*Complementary Metal Oxyde Semiconductor*) qui reposent sur le même principe physique que les capteurs CCD, mais ils utilisent une technologie CMOS standard moins coûteuse que les CCD et qui associe à l'élément photosensible des composants actifs pour l'amplification et l'adressage. Les cellules peuvent être adressées individuellement, ou par blocs à travers un bus-colonne similaire à celui d'une mémoire. Ils ont de plus l'avantage d'une faible consommation (jusqu'à *100* fois moins qu'avec un capteur CCD de même précision). La technologie utilisée permet également d'intégrer des traitements au niveau du capteur (réduction de bruit par exemple). Du point de vue de la qualité d'image, ces capteurs ne permettent pas d'atteindre la qualité des capteurs CCD les plus performants.

Les principes fondamentaux des capteurs d'images et leur évolution, ainsi que les structures et les fonctionnements des caméras vidéo rapides ont été abordés dans plusieurs travaux [Zara 1997, Cavadore 1998].

La majorité des caméras numériques possède un obturateur électronique intégré (shutter) permettant d'exposer le capteur d'images de deux façons différentes :
✗ L'exposition du capteur est réalisée une unique fois (mono-exposition) : une particule apparaît sous la forme d'un point ou d'un trait.

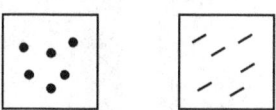

Figure 3.4 – *Type d'images en mono-exposition*

× L'exposition du capteur est réalisée plusieurs fois (multi-exposition) : une particule apparaît sous la forme soit d'un trait pointillé, soit trait-point, soit toute autre combinaison de point et de trait.

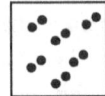 

Figure 3.5 – Type d'images en bi-exposition

3.1.3.4 Traitement des images numériques

A partir du moment où les images ont été correctement enregistrées, il existe tout un cheminement permettant de transformer deux images successives (couple d'images mono-exposées) en un champ de vecteurs. Nous développons ici les différentes étapes et techniques conduisant à l'obtention des champs de vecteurs de déplacements.

<u>**a - Fenêtrage**</u>

Chaque image, enregistrée par la caméra numérique, est d'abord divisée en petites régions rectangulaires que l'on nomme fenêtres d'interrogation et à l'intérieur desquelles un vecteur est calculé (*Figure 3.6*).

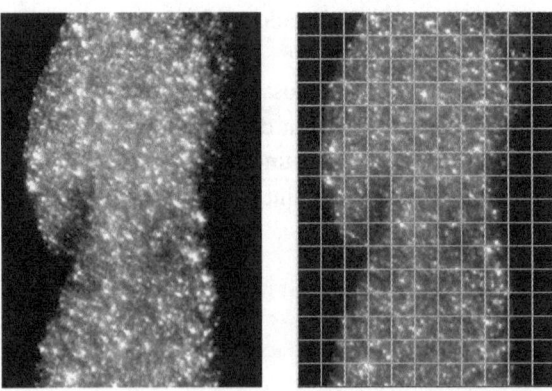

Figure 3.6 – Découpage d'une image 704x1024 pixels en fenêtres de 64x64, soit 176 fenêtres d'interrogation
(Images d'un jet d'eau dans l'eau)

La taille des fenêtres d'interrogation (en pixels) détermine le nombre total de vecteurs qui seront calculés pour un couple d'images. Cette taille est fixée selon la vitesse de déplacement des particules dans l'écoulement ainsi que la fréquence d'acquisition de la caméra. Dans de nombreux cas, des fenêtres de *32x32* pixels suffisent à avoir un bon compromis entre résolution spatiale et résolution dynamique (étendue de l'échelle des vitesses mesurables). Afin de ne pas perdre d'informations entre chaque fenêtre d'interrogation, il est préférable d'imposer un recouvrement entre deux fenêtres adjacentes. Ainsi, les informations qui ne sont pas contenues dans une fenêtre d'interrogation seront utilisées dans une fenêtre différente chevauchant en partie la première. Cette perte d'information peut se produire lorsque les particules se trouvent aux extrémités (coins) des fenêtres d'interrogation. En imposant un chevauchement, il y a de fortes chances qu'on puisse récupérer ces informations. La figure ci-dessous illustre ce phénomène (*Figure 3.7*). Cette procédure n'augmente pas la quantité d'information concernant la résolution spatiale (le nombre de pixels étant le même) mais permet d'avoir plus de vecteurs sur une même image.

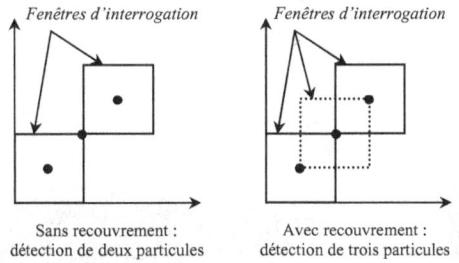

Figure 3.7 – *Détection de particules sans et avec recouvrement des fenêtres d'interrogation*

En revanche, il existe d'autres possibilités de faire des calculs des vecteurs de déplacement avec des fenêtres non jointives. C'est à dire que les fenêtres d'interrogation n'occupent pas respectivement la même place dans l'image. Cette méthode peut être réalisable dans le cas où l'écoulement moyen est connu [Westerweel 1997, Lecordier 1999].

b - Techniques de corrélation

L'analyse numérique des images est une autocorrélation dans le cas de l'enregistrement multiple sur une image (multi-exposition), et une intercorrélation dans le cas de l'enregistrement sur des images successives (mono-exposition).

☞ *Autocorrélation*

Le cas d'une autocorrélation revient à corréler l'image avec elle-même [Schon 1984, Keane 1992]. L'image est fractionnée en fenêtres de calcul. Sur chacune de ces fenêtres, une fonction d'autocorrélation f est calculée :

$$f(i, j) = \sum_x \sum_y s(x, y)\, s(x - i, y - j) \qquad \text{(Eq. 3.4)}$$

où s représente l'intensité des niveaux de gris au point M de l'image de coordonnées (x, y) et i et j sont les déplacements en pixels.

La fonction d'autocorrélation présente un pic central et deux pics secondaires symétriques (*Figure 3.8*). La position de ces pics secondaires par rapport au centre de la fenêtre d'analyse donne le déplacement des particules. La symétrie de la fonction de corrélation empêche de connaître le sens du déplacement qui doit être déterminé à partir de l'écoulement.

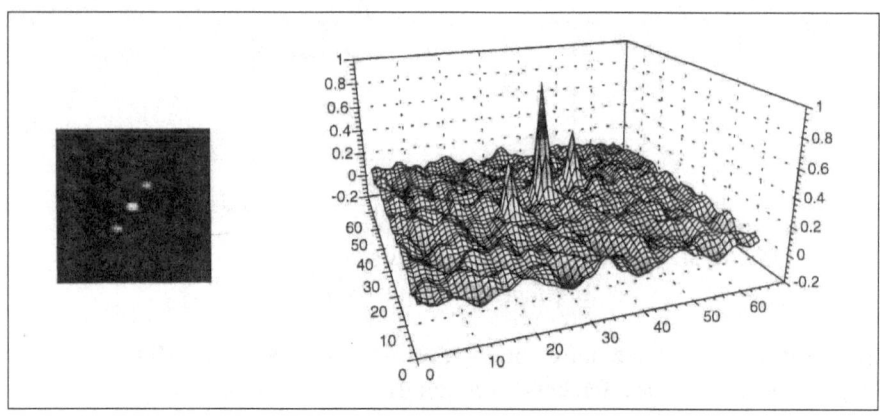

Figure 3.8 – *Résultat d'une autocorrélation*

☞ *Intercorrélation*

L'intercorrélation se pratique sur deux fenêtres extraites de deux images enregistrées à deux instants successifs. Ces fenêtres occupent respectivement la même place dans l'image.

Dans ce cas, la fonction d'intercorrélation ne présente qu'un seul pic intense dont la position par rapport au centre donne accès à la direction, au sens et à la longueur du déplacement des particules dans la fenêtre d'interrogation (*Figure 3.9*).

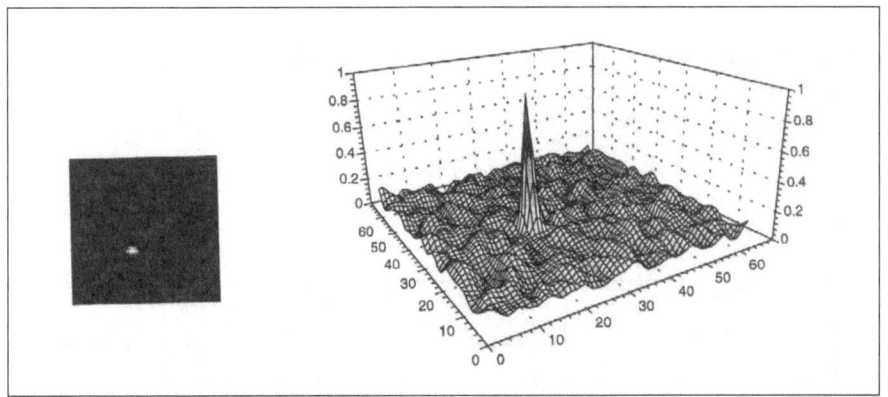

Figure 3.9 – *Résultat d'une intercorrélation*

Il existe deux méthodes de calcul par intercorrélation : la méthode Directe et la méthode par Transformée de Fourier. A l'échelle de la taille de la fenêtre de calcul, les deux méthodes supposent que l'écoulement est localement uniforme.

Corrélation Directe

La corrélation directe est utilisée par différents auteurs : [Fayolle 1996, Lecordier 1997, Coudert 1998].
Un motif m_1 est créé à l'intérieur de la première fenêtre d'interrogation f_1. La taille du motif m_1 est calculée à partir du facteur de réduction r et de la taille de la fenêtre f_1 : le facteur de réduction r étant le rapport de la taille du motif et la taille de la fenêtre d'interrogation.
Ce motif m_1 (sous partition de f_1) est déplacé sur f_2 de manière à trouver la meilleure correspondance entre les particules de m_1 de f_1 et celles de f_2. Cette correspondance est réalisée pour le maximum de la fonction de corrélation f_c telle que :

$$f_c(i,j) = \frac{\sum_x \sum_y s_1(x,y)\, s_2(x-i,y-j)}{\sqrt{\sum_{x,y} s_1(x,y)^2} \sqrt{\sum_{x,y} s_2(x-i,y-j)^2}}$$ $\qquad$ *(Eq. 3.5)*

avec $s_1(i,j)$ et $s_2(i,j)$ les deux fonctions associées à la même aire d'interrogation de deux images successives.

Le déplacement maximal mesurable en fonction de la taille des fenêtres en corrélation directe est calculé comme suit :

$$V_{max} = \frac{1}{3}\, t_f(1-r)$$ $\qquad$ *(Eq. 3.6)*

avec t_f est la taille de la fenêtre et r est le facteur de réduction.

Taille de fenêtre en pixels	Déplacement maximal en corrélation directe en pixels	
	$r = 0,5$	$r = 0,7$
16 x 16	< 2,6	< 0,8
32 x 32	< 5,3	< 3,2
64 x 64	< 10,6	< 6,4

Tableau 3.2 *– Le déplacement maximal mesurable en fonction de la taille des fenêtres en corrélation directe*

Corrélation par transformée de Fourier

La corrélation par transformée de Fourier est utilisée par différents auteurs [Willert 1991, Rouland 1994, Allano 1996, Westerweel 1993, 1996, 1997].
L'algorithme "Fast Fourier Transform" (FFT) est utilisé pour le calcul de la transformée de Fourier (TF). Cet algorithme impose des fenêtres de taille en puissance de 2. La fonction de corrélation f_c peut être estimée en passant dans le domaine fréquentiel par la forme :

$$f_c = TF^{-1}(TF(s_1)\,TF(s_2)^*)$$ $\qquad$ *(Eq. 3.7)*

Comme pour l'opérateur de corrélation directe, à chaque taille de fenêtre correspond un déplacement maximal. Willert and Gharib [Willert 1991] préconisent un déplacement ne devant pas dépasser de plus de 1/3 la taille de la fenêtre.

Taille de fenêtre en pixels	Déplacement en corrélation Fourier en pixels
16 x 16	< 5
32 x 32	< 11
64 x 64	< 21

Tableau 3.3 – *Le déplacement maximal mesurable en fonction de la taille des fenêtres en corrélation par transformée de Fourier*

Comparaison entre les deux opérateurs d'intercorrélation

L'avantage de l'utilisation des algorithmes rapides de calcul de la transformée de Fourier par rapport au mode direct est un gain de temps très important. Par exemples, sur des fenêtres de taille *128x128* pixels, en choisissant un motif représentant le quart de la fenêtre de calcul, le calcul de la corrélation par la transformée de Fourier rapide est *8* fois plus rapide que l'estimation directe. Ce rapport est d'autant plus important que la taille du motif devient importante [Riou 1999].

Le calcul via l'algorithme de FFT impose des fenêtres de taille en puissance de deux. Alors qu'aucune restriction n'est imposée sur la taille des fenêtres de calcul en utilisant l'estimation directe de la fonction de corrélation.

Donc, le plus souvent, on a recours à la méthode de Transformée de Fourier qui nous fourni un moyen économique et pratique d'obtenir les fonctions de corrélation.

Les temps de calculs et les performances de l'algorithme de mesure par Transformée de Fourier ont été étudiés par Dubois dans sa thèse [Dubois 2001].

c - Détermination du déplacement des traceurs : interpolation sub-pixels

Après que la fonction de corrélation a été calculée, il est nécessaire de déterminer la position de son maximum. Comme cette fonction est représentée numériquement, le déplacement Δd est obtenu au départ comme un nombre entier de pixels. Si on s'en tenait là, la précision serait ainsi très limitée. Lors des premières tentatives d'utilisation de la vidéo en PIV, cette limitation apparente avait d'ailleurs conduit les chercheurs à conclure que la résolution des caméras devait être considérablement augmentée. En réalité, on peut déterminer la position du maximum avec une résolution inférieure au pixel. Pour ce faire, on va interpoler entre les différentes valeurs entières de la fonction de corrélation. On commence par déterminer la position du maximum. On enregistre également les valeurs avoisinantes de cette fonction et à partir de ces éléments on détermine le maximum par interpolation.

Différentes méthodes d'interpolation sont proposées dans la littérature [Willert 1991, Rouland 1994, Lourenco 1995, Allano 1996, Westerweel 1993, 1996, 1997].

La première est la méthode du centroïde qui consiste à calculer le centre de gravité correspondant au maximum et aux pixels les plus proches.

La deuxième méthode consiste à faire passer une parabole par les points proches du maximum.

La troisième méthode est la plus utilisée et sans doute la plus fiable. Elle suppose que le pic correspondant au maximum de corrélation peut être décrit par une fonction de Gauss. Cette hypothèse est tout à fait justifiée. D'une part, la corrélation est relative à un ensemble d'images de traceurs. Dans la fenêtre analysée, ceux-ci n'ont pas exactement la même vitesse et l'on peut s'attendre à ce que la distribution soit proche d'une normale. De plus, les taches produites par la diffraction et correspondant aux images de particules ont elles-mêmes une distribution d'intensité Gaussienne. Le procédé utilisé est schématisé à la *Figure 3.10* sous forme d'une interpolation selon un axe. En réalité, on interpole selon deux directions. On voit les valeurs discrètes obtenues sur *3* pixels. Nous supposons ici que le pic de corrélation couvre trois pixels. On va pouvoir écrire trois équations à trois inconnues qui permettront par leur résolution de déterminer les paramètres de la fonction de Gauss passant par ces points discrets. On peut ensuite déterminer la position du maximum avec une résolution d'une fraction de pixel.

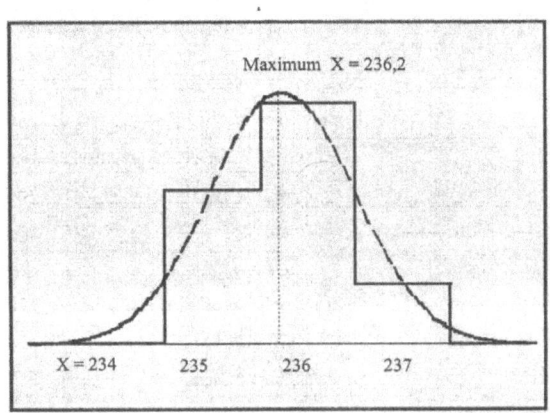

Figure 3.10 – *Interpolation sub-pixels par une fonction de Gauss*

Il est à noter qu'il existe d'autres algorithmes de calcul utilisés dans la détermination des déplacements par PIV. Nous citons dans ce contexte l'algorithme du Flot Optique. Le calcul du flot optique consiste à extraire un champ de vitesses dense à partir d'une séquence d'images en faisant l'hypothèse que l'intensité (ou la couleur) est conservée au cours du déplacement. Le principe de cet algorithme est de transformer le problème complexe de comparaison de deux images 2D en une séquence de problèmes simples 1D. Cette nouvelle méthode apporte un gain important en terme de robustesse et de résolution spatiale (champs denses et continus, jusqu'à un vecteur par pixel) [Quénot 2001, Rambert 2001].

Récapitulatif du processus d'obtention d'un vecteur de déplacement

La succession des traitements des images est reprise en images sur la *Figure 3.11* ci-dessous :

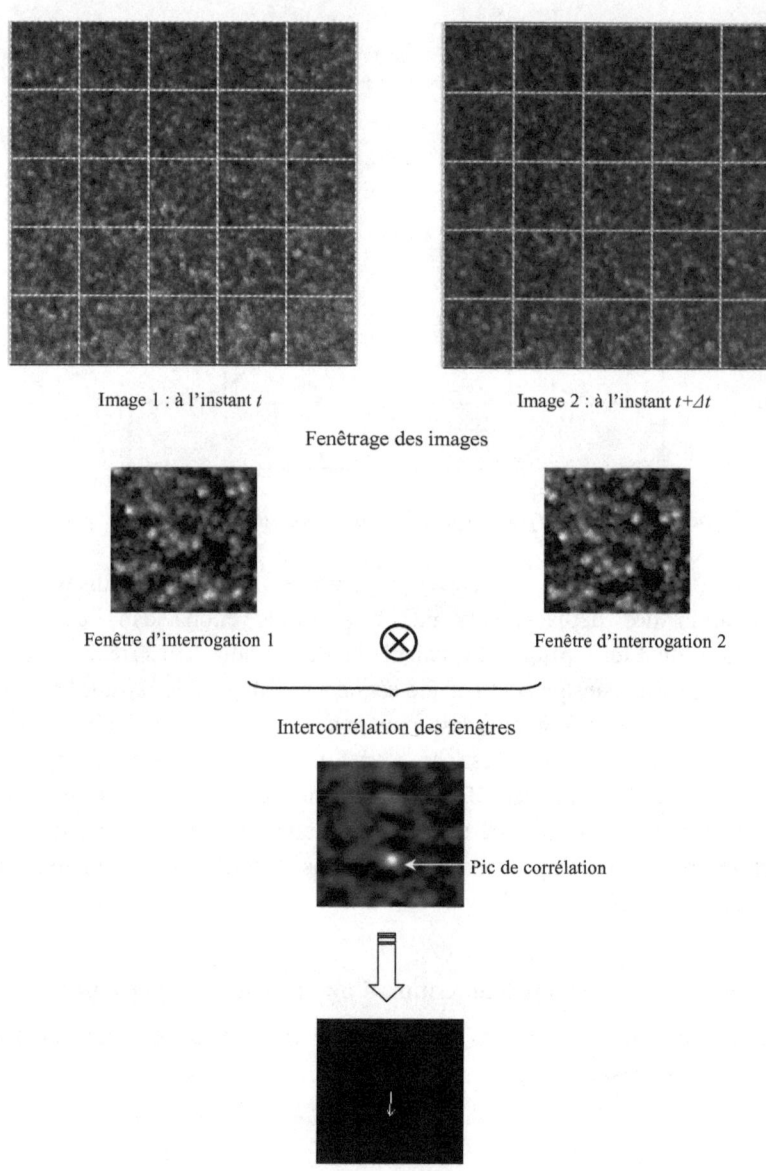

Image 1 : à l'instant *t*

Image 2 : à l'instant *t+Δt*

Fenêtrage des images

Fenêtre d'interrogation 1

Fenêtre d'interrogation 2

Intercorrélation des fenêtres

Pic de corrélation

Vecteur de déplacement

***Figure 3.11** – Processus d'obtention d'un vecteur de déplacement*

d - Post-traitement des champs de vecteurs

La PIV est une technique de mesure instantanée : toutes les informations sont échantillonnées au même instant. Il est par conséquent probable que certaines régions n'aient aucune signification physique. Pour remédier à ce problème, il existe des méthodes mathématiques qui permettent de valider ou non les champs de vecteurs. Il n'y a pas de méthode unique permettant d'effectuer une telle validation : par exemple, il est possible d'agir sur la hauteur et la largeur du pic de corrélation ou encore sur le module de la vitesse en délimitant les vitesses mini et maxi au delà desquelles les vitesses calculées seront erronées... Enfin, il est nécessaire de calculer un champ de vitesse moyen à partir de l'ensemble des champs instantanés de vecteurs calculés sur chaque couple d'images ainsi que les propriétés statistiques (moyenne, variance, écart-type, coefficient de corrélation, ...). Le nombre de champs instantanés nécessaire au calcul du champ moyen dépend évidemment des conditions expérimentales.

3.1.4 Conclusion

La technique PIV repose essentiellement sur l'aptitude de la caméra CCD à capter les positions initiale et finale des particules contenues dans un plan de l'écoulement afin de pouvoir calculer les champs de vecteurs correspondants. La qualité des mesures dépend donc de la qualité des images enregistrées. Pour cela, il faut conjuguer un bon ensemencement avec une bonne illumination. Une densité de particules trop importante peut empêcher la caméra de capter le moindre déplacement.

La PIV classique est une méthode de mesure de vitesse instantanée bidimensionnelle (méthode 2D2C). Par conséquent, cette technique n'est pas du tout adaptée à la mesure du champ des vitesses dans un écoulement tridimensionnel. En effet, la PIV classique ne permet pas de déterminer la troisième composante de la vitesse qui peut, dans certains cas, entraîner une erreur relativement importante sur la mesure des deux composantes de la vitesse dans le plan.

3.2 Dispositif expérimental du jet d'eau

L'installation expérimentale du jet d'eau comprend une cuve en plexiglas, de dimensions une section carrée de *500x500 mm²* et de *1000 mm* de hauteur. L'injection de l'eau se fait à travers une buse cylindrique située au centre de la base de la cuve et de diamètre égal à *5 mm*.

Afin de visualiser l'évolution de l'écoulement de l'eau, des particules d'ensemencement sont injectées dans le fluide. Ces particules sont des billes de verre de diamètre moyen égal à *10 μm* et qui sont à densités très proches de celle de l'eau (densité variant entre *1,05* et *1,15 g/cm³*) dans le but de suivre fidèlement l'écoulement et de ne pas le perturber.

Pour cela, nous avons conçu un circuit permettant le dosage et l'alimentation de la cuve en eau et en particules d'ensemencement. Deux vannes manuelles assurent le réglage des quantités d'eau et de particules à faire passer dans la cuve et une électrovanne permettant de commander la génération du jet. Les particules sont placées et mélangées avec de l'eau dans une bonbonne de *10 litres* de volume.

Un débitmètre à flotteur permet de mesurer le débit d'eau traversant les différentes conduites sous l'action d'une pompe de circulation (*Figure 3.12*).

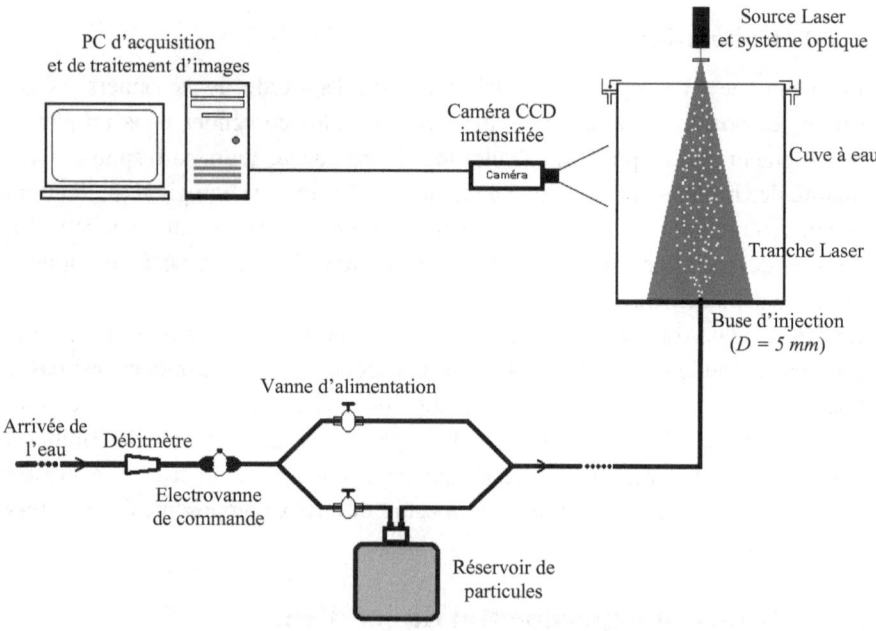

Figure 3.12 – *Schéma de l'installation du jet d'eau dans l'eau*

Au cours de ce travail, nous avons utilisé comme source d'illumination des particules injectées un laser Argon continu qui permet de délivrer des puissances allant jusqu'à *6 Watts*. La puissance la plus courante est de *3 à 4 Watts*.

Par ailleurs, nous utilisons un système optique monté en aval de la source laser permettant l'obtention d'une fine tranche de laser verticale qui éclaire les particules en mouvement dans l'eau. Ce système est composé d'une lentille cylindrique et d'une deuxième lentille de distance focale égale à *1000 mm*.

Une caméra est placée selon un axe perpendiculaire à la tranche laser de telle sorte à obtenir une image bien nette des particules ajoutées comme traceurs dans l'écoulement.

Les images ainsi acquises sont stockées dans le disque dur d'un ordinateur type PC.

3.3 Dispositif expérimental du jet d'air

L'écoulement étudié est un jet d'air libre descendant à faible nombre de Reynolds et qui débouche d'une buse circulaire, de diamètre intérieur égal à *12,4 mm*, dans une enceinte à air au repos (*Figure 3.13*). La buse présente un convergent correctement profilé permettant d'obtenir un profil uniforme de la vitesse à la section d'éjection. L'ensemble du système générant le jet est localisé dans une cellule en plexiglas d'un volume d'environs *6 m^3*, et dont les parois intérieures ont été couvertes de plaques de liège et de carton ondulé dans le but d'isoler le jet de toutes perturbations externes.

Le dispositif expérimental de génération du jet est constitué essentiellement d'un compresseur alimentant un réservoir tampon, d'une vanne pointeau de contrôle du débit d'air, d'une série de détendeurs régulateurs de débit, et d'une chambre de tranquillisation.

La chambre de tranquillisation et de laminarisation d'écoulement est constituée des éléments suivants :

- ◆ un divergent,
- ◆ un nid d'abeille de section hexagonale de *6 mm* de côté,
- ◆ trois grilles de très faible diamètre,
- ◆ une buse d'injection.

La buse est fixée sur un système de déplacement micrométrique commandé par PC permettant un positionnement précis de la caméra par rapport à la buse.

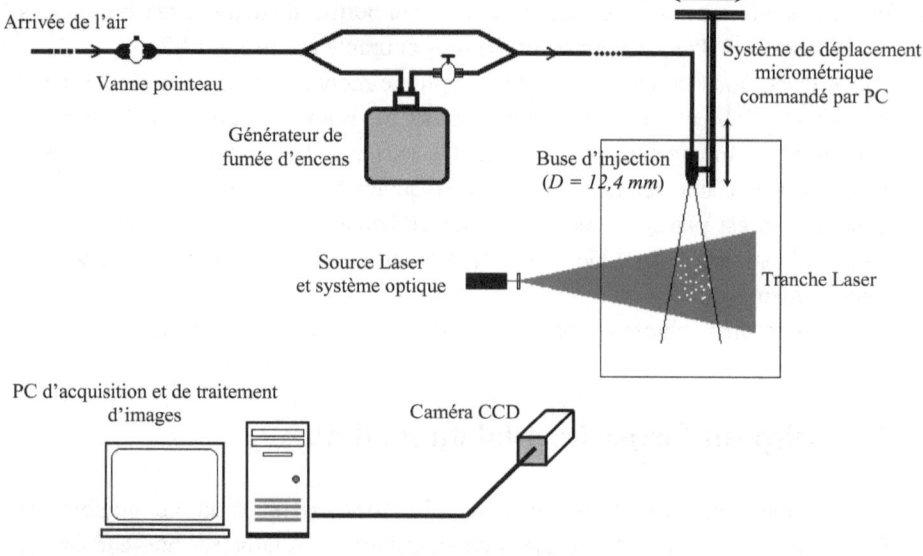

Figure 3.13 – *Schéma de l'installation du jet d'air*

Dans le but d'ensemencer l'écoulement, nous utilisons deux types de traceurs :

¤ les particules de la fumée d'encens obtenues en faisant brûler des bâtonnets d'encens dans un réservoir de fumée. Celle-ci est injectée à l'entrée de la buse grâce à un petit compresseur à membrane. De cette manière, nous pouvons contrôler le débit d'encens qui passe à travers la buse de sortie sans changer le débit d'air d'injection.

Les particules de la fumée d'encens ont des diamètres variant entre *0,5* et *5 μm* et sont de densité très proche de celle de l'air dans le but de suivre fidèlement l'écoulement et de ne pas le perturber.

¤ la vapeur d'huile obtenu par un vaporisateur.

Le système d'éclairage et de génération de la nappe laser est composée de :

• un laser à Argon continu qui permet de délivrer des puissances allant jusqu'à *7 Watts*,

• un ensemble optique monté en aval et composé de lentilles générant un plan de lumière dans la zone de travail d'une épaisseur de l'ordre du millimètre. Le

98

plan est conservé vertical dans toutes nos mesures. Il est dirigé suivant l'axe de l'écoulement.

Un système d'Anémométrie Laser à effet Doppler (LDA) permet de mesurer la vitesse du jet à la sortie de la buse d'injection [Ben Aissia 2002].

L'installation est également destinée à l'étude des jets chauffés en régime de convection mixte ou forcée [Ben Aissia 2002].

3.4   Acquisition et traitement d'images

Au cours de notre étude expérimentale, nous avons utilisé plusieurs types de caméras servant d'une part pour la visualisation de l'écoulement et d'autre part pour la mesure du champ de vitesse par PIV.

La chaîne d'acquisition des images est constituée essentiellement de :

✠ Une caméra CCD placée selon un axe perpendiculaire à la tranche laser de telle sorte à obtenir une image bien nette des particules d'ensemencement de l'écoulement.

✠ Une carte d'acquisition permettant le transfert d'images, en temps réel, vers la mémoire de l'ordinateur ou la mémoire de la carte vidéo.

Dans la suite, nous donnons une description des différentes caméras ainsi que les cartes d'acquisition utilisées.

3.4.1   Les caméras

• *La caméra JVC*

Les prises de vues des écoulements ont été réalisées à l'aide d'une caméra vidéo standard de type CCIR, de résolution *756x576* pixels et munie d'un shutter. C'est une caméra entrelacée, le signal vidéo fourni est représenté par des trames de *312,5* lignes chacune   régulièrement espacées de *20 ms*. La caméra JVC fonctionne à *25* images par seconde.

• *La Sony 1394 XCD-X700*

(http://www.subtechnique.com/sony/xcd_sx900_700.pdf)

C'est une caméra numérique monochrome, de haute résolution (*1280x960 pixels*), à sortie série de type IEEE 1394, et qui réalise *15* images par seconde.

• *La Dicam Pro*   *(http://www.cookecorp.com/hs/gif/Dicam-PRO.pdf)*

C'est une caméra CCD numérique 12 bits, refroidie et intensifiée. Son capteur est de haute résolution *1280x1240* pixels. Cette caméra est menue d'une liaison à fibre optique pour le transfert des images sur PC. Elle peut fonctionner en mode double exposition permettant l'acquisition d'images séparées de *500 ns* avec des obturations ultra-rapides allant jusqu'à *1,5 ns*. La Dicam Pro assure la cadence des suites de paires d'images et elle fonctionne à *7* images par seconde.

• **La Pulnix TM-6703** (*http://www.pulnix.com/PDFs/IMG-PDFs/TM-6703.pdf*)

C'est une caméra monochrome, de haute résolution (*648x484* pixels), à transfert partiel de l'image (progressive scan) fonctionnant avec trois modes de balayage :
- non-entrelacé en mode normal (*525* lignes à *60 Hz*) : double speed progressive scan,
- le balayage à deux rangées (*242* lignes à *120 Hz*) : two-row scan,
- le balayage partiel (*100* à *222 Hz* et *200* lignes à *130 Hz*) : partial scan.
La TM-6703 est munie d'un shutter permettant des obturations de *1/60* à *1/32000* secondes.

• **La Pulnix TM-6705AN** (*http://www.pulnix.com/Imaging/c-6705an.html*)

C'est une caméra monochrome, de haute résolution (*648*484* pixels), à transfert partiel de l'image (*progressive scan*). Elle est équipée d'un shutter multi-exposition. Les obturations possibles varient de *1/60* à *1/32000* secondes. Cette caméra permet deux modes de balayage :
- balayage normal à *60 Hz* (*525* lignes)
- balayage partiel à *200 Hz* (*100* lignes)

• **La Pulnix TM-1300** (*http://www.pulnix.com/Imaging/c-1300.html*)

La Pulnix TM-1300 est une caméra monochrome de très haute résolution (*1300x1030* pixels) à transfert interligne permettant un fonctionnement entrelacé. Elle est spécifiquement conçue pour la conquête d'images de haute résolution avec le gain extérieurement contrôlé et les rajustements de gamme dynamiques qui extraient la meilleure performance d'image du CCD. Son shutter permet de sélectionner des obturations allant de *1/50* jusqu'à *1/39000* secondes. La TM-1300 fonctionne à *12* images par seconde.

3.4.2 Les cartes d'acquisition

• **La carte Matrox Meteor II**
(*http://www.matrox.com/imaging/products/meteor2/home.cfm*)

C'est une carte d'acquisition vidéo couleur et monochrome standard, conçue pour l'acquisition à partir de sources vidéo NTSC, PAL, RS-170 et CCIR. La carte d'acquisition Matrox Meteor-II est une carte PCI qui prend en charge l'acquisition et le transfert d'images vers la mémoire du PC hôte ou la mémoire

VGA, en temps réel.

• *La carte Matrox Meteor-II/Multi-Channel*
(http://www.matrox.com/imaging/products/meteor2_mc/home.cfm)

La carte Matrox Meteor-II/Multi-Channel est une carte PCI qui acquière les images transmises par des sources standard ou monochromes analogiques variables ainsi que des caméras RGB. La carte Matrox Meteor-II/MC gère spécifiquement l'acquisition provenant de caméras RGB entrelacées ou non entrelacées et de caméras mono canal ou double canaux monochromes non entrelacées. Cette carte supporte également l'acquisition simultanée par trois caméras RS-170/CCIR synchronisées. Il est possible de connecter jusqu'à *2* caméras RGB ou *6* caméras monochromes pour des acquisitions distinctes. La Matrox Meteor-II/MC offre une souplesse d'acquisition et un transfert d'images en temps réel vers la mémoire du PC hôte ou VGA.

La carte Matrox Meteor-II/Multi-Channel intègre une horloge de pixels séparée, ainsi que des signaux de synchronisation horizontale et verticale. Elle est également dotée de deux sorties pour commande d'exposition ainsi que d'une entrée déclencheuse qui permet de synchroniser l'exposition avec des événements indépendants, en synchronisme ou asynchronisme par rapport à l'entrée vidéo.

3.4.3 Traitements d'images

Les traitements d'images sont réalisés par le logiciel WIMA développé par le groupe IMAGe du LTSI [Wima]. Dans ce logiciel sont développés des outils spécifiques pour des applications en mécanique des fluides telles que la PIV et la détection des bords. Ce n'est pas un logiciel en temps réel, l'acquisition et le traitement d'images sont indépendants.

3.5 Etalonnage des caméras

3.5.1 Introduction

Dans plusieurs cas, certains phénomènes physiques rapides ou complexes sont difficiles à suivre ou à étudier sous une seule incidence (utilisation d'une seule caméra). Nous citons par exemple l'insuffisance de la PIV classique (méthode 2D2C) qui ne permet pas de déterminer la troisième composante de la vitesse. Afin de pallier à ce problème, on a souvent recours à l'utilisation d'un système stéréoscopique. Cette solution semble à priori la voie la plus simple pour l'étude des phénomènes 3D ou bien pour la visualisation des écoulements sous deux incidences différentes (deux caméras CCD).

Tout comme pour la technique utilisant un seul capteur d'images, il est nécessaire de lier les unités de l'objet observé avec les unités de la caméra. Dans le cas d'une caméra, le lien 2D/2D entre le plan objet et le plan du capteur est déterminé lors du calibrage. Dans le cas de la technique à deux caméras, le lien entre l'espace objet et les deux capteurs du couple stéréoscopique est déterminé lors d'une procédure de l'étalonnage (ou calibrage, ou calibration). Un lien 3D/2x2D est donc à réaliser ayant comme objectif principal la correction des déformations des images de chacun des systèmes de prise de vues.

3.5.2 Principe du calibrage

Le calibrage est un processus qui permet d'estimer les paramètres d'un modèle de caméra. Il s'agit de déterminer numériquement les transformations subies par un point de l'espace pour obtenir un point dans l'image. Quels que soient le modèle choisi et les paramètres pris en compte, la transformation liant le repère objet au repère image s'exprime sous forme matricielle :

$$\begin{bmatrix} Coordonnées\ image \\ des\ points \end{bmatrix} = \begin{bmatrix} Matrice\ de \\ calibrage \end{bmatrix} \ x \ \begin{bmatrix} Coordonnées\ objet \\ des\ points \end{bmatrix} \qquad (Eq.\ 3.8)$$

La connaissance des coordonnées objet des points de référence et leur projection respectives dans le plan image permet d'estimer les coefficients de la matrice de calibrage. Dans la pratique, cela revient à résoudre un système surdéterminé par des méthodes de type moindres carrés. La seule connaissance nécessaire est alors celle de la position des points de calibrage et des coordonnées de leurs projections.

3.5.3 Modélisation d'une caméra

Calibrer une caméra consiste à déterminer de manière analytique la fonction qui associe à un point de l'espace tridimensionnel sa projection dans l'image donnée par la caméra. Le modèle le plus utilisé pour représenter une caméra est sans doute le modèle "Pin Hole" ou sténopé présentée sur la *Figure 3.14*. En effet, ce modèle projectif linéaire permet non seulement de modéliser fidèlement la plupart des capteurs projectifs, mais en plus il permet de simplifier les

102

mathématiques mises en jeu pour l'estimation des paramètres du modèle [Horaud 1993].

La *Figure 3.14* montre les différents éléments du modèle : La caméra est représentée par un plan **P^R** aussi appelé plan image et un centre optique (ou centre de projection) C qui n'appartient pas à **P^R**. L'image d'un point M de l'espace est l'intersection de la droite (CM) avec le plan image. Le plan **P^F** parallèle au plan image **P^R** passant par C est appelé plan focal. La projection orthogonale de C sur le plan image **P^R**, c, est appelée point principal, la droite (Cc) est appelée axe optique, et la distance $f = Cc$ est appelée distance focale.

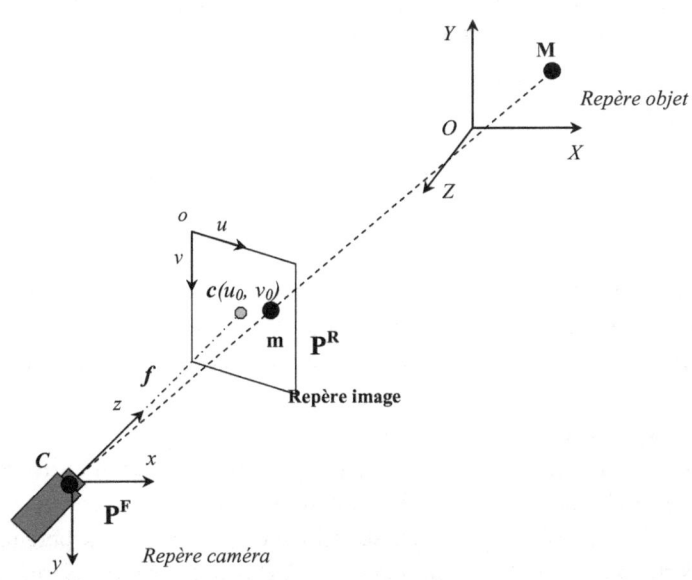

Figure 3.14 – *Le modèle de caméra sténopé ou projectif linéaire*

Les paramètres estimés pour le calibrage sont les suivants :

★ Les paramètres **intrinsèques** associés à la nature du capteur utilisé : sa focale f, le point principal (u_0, v_0), la taille des pixels de la matrice CCD *(dx, dy)* ou leurs rapports f/dx et f/dy, et les paramètres de distorsion optique introduits par l'objectif.

★ Les paramètres **extrinsèques** du capteur qui représentent les paramètres de déplacement rigide (*3* translations et *3* rotations) entre un repère placé dans la scène et le repère de la caméra. Ce repère est souvent placé sur une mire de calibrage. Cette mire est en fait "une matrice" de taches noires sur fond blanc appelées aussi amères. Les coordonnées de ces amères dans le repère de la mire (repère spatial de la scène) serviront à l'étalonnage du capteur.

Le modèle considéré ne tient pas compte des aberrations optiques dues aux lentilles de l'objectif. Toutefois dans la plus part des cas, ces aberrations sont négligeables.

3.5.3.1 Mise en équations [Lavest 1999]

Soit une projection perspective entre une image 2D et un êtalon3D (sous une hypothèse sténopé). La relation entre un point de l'étalon et sa projection dans l'image est décrite par l'expression suivante :

$$\begin{pmatrix} x_i \\ y_i \\ z_i \end{pmatrix} = \lambda_i \left[R \begin{pmatrix} X_i \\ Y_i \\ Z_i \end{pmatrix} + T \right] \qquad (Eq.\ 3.9)$$

où :

- (x_i, y_i, z_i) est un point image défini dans le Repère Caméra (*Figure 3.12*),
- λ_i est un facteur d'échelle introduit lors du passage de $\Re^3$ à $\Re^2$,
- (X_i, Y_i, Z_i) sont les coordonnées du point de la mire définies dans le Repère Objet,
- (T_x, T_y, T_z) est le vecteur de translation,
- **R** la matrice de rotation, paramétrisée par les trois angles d'Euler, (α rotation autour de l'axe x, β autour de l'axe y, et γ autour de l'axe z).

En éliminant λ_i dans (*Eq. 3.9*) et en supprimant l'indice i, nous obtenons les expressions suivantes appelées *équations de colinéarité* en photogrammétrie :

$$\left. \begin{aligned} x &= f \frac{r_{11}X + r_{12}Y + r_{13}Z + T_x}{r_{31}X + r_{32}Y + r_{33}Z + T_z} \\ y &= f \frac{r_{21}X + r_{22}Y + r_{23}Z + T_y}{r_{31}X + r_{32}Y + r_{33}Z + T_z} \end{aligned} \right\} \qquad (Eq.\ 3.10)$$

Si nous exprimons (x,y) dans le système de coordonnées pixel de l'image, nous obtenons :

$$x = (u + e_x - u_0)\ dx - d0_x \left.\vphantom{\begin{array}{c}a\\b\end{array}}\right\}$$
$$y = (v + e_y - v_0)\ dy - d0_y$$
(Eq. 3.11)

Dans cette expression e_x, e_y sont les erreurs de mesure respectivement selon les coordonnées x et y, (i.e. les corrections à apporter aux mesures pour qu'il existe une correspondance parfaite entre les primitives détectées dans l'image et les données issues de la fonction de projection). do_x, do_y sont les composantes de distorsion optique qui se divisent en deux parties : distorsion *radiale* et *tangentielle*, (i.e. $do_x = do_{xr} + do_{xt}$ et $do_y = do_{yr} + do_{yt}$).

Nous introduisons ici, les deux formes de distorsion communément utilisées en photogrammétrie [Ame 1984] :

$$do_{xr} = (u - u_0) dx (a_1 r^2 + a_2 r^4 + a_3 r^6) \left.\vphantom{\begin{array}{c}a\\b\end{array}}\right\}$$
$$do_{yr} = (v - v_0) dy (a_1 r^2 + a_2 r^4 + a_3 r^6)$$
(Eq. 3.12)

$$do_{xt} = p_1 \left[r^2 + 2(u - u_0)^2 dx^2 \right] + 2p_2 (u - u_0) dx (v - v_0) dy \left.\vphantom{\begin{array}{c}a\\b\end{array}}\right\}$$
$$do_{yt} = p_2 \left[r^2 + 2(v - v_0)^2 dy^2 \right] + 2p_1 (u - u_0) dx (v - v_0) dy$$
(Eq. 3.13)

où dans les expressions (*Eq. 3.11*), (*Eq. 3.12*), et (*Eq. 3.13*),
- u, v sont les coordonnées image dans le référentiel pixel,
- u_0, v_0 les coordonnées du point principal dans le référentiel pixel,
- a_1, a_2, a_3 les coefficients du polynôme qui modélise la distorsion radiale,
- P_1, P_2 les coefficients du polynôme qui modélise la distorsion tangentielle,
- dx, dy représentent les facteurs d'échelle du pixel élémentaire,
- le paramètre $r = \sqrt{(u - u_0)^2 dx^2 + (v - v_0)^2 dy^2}$, est la distance radiale du point courant au point principal.

En substituant (*Eq. 3.11*), (*Eq. 3.12*), et (*Eq. 3.13*) dans (*Eq. 3.10*), nous obtenons le système suivant :

$$u + e_x = u_0 + \frac{(do_{xr} + do_{xt})}{dx} + \left(\frac{f}{dx}\right) \frac{r_{11}X + r_{12}Y + r_{13}Z + T_x}{r_{31}X + r_{32}Y + r_{33}Z + T_z} = P(\Phi) \left.\vphantom{\begin{array}{c}a\\b\end{array}}\right\}$$
$$v + e_y = v_0 + \frac{(do_{yr} + do_{yt})}{dy} + \left(\frac{f}{dy}\right) \frac{r_{21}X + r_{22}Y + r_{23}Z + T_y}{r_{31}X + r_{32}Y + r_{33}Z + T_z} = Q(\Phi) \qquad \frac{n!}{r!(n-r)!}$$
(Eq. 3.14)

soit encore,

$$e_x = P(\Phi) - u \atop e_y = Q(\Phi) \ -v \left.\right\} E(\Phi) \qquad\qquad (Eq.\ 3.15)$$

La projection perspective étant toujours définie à un facteur d'échelle, on fixe usuellement ($dx = 1$). En posant $f_x = \dfrac{f}{d_x}$ et $f_y = \dfrac{f}{d_y}$, le vecteur de paramètres à estimer, si l'on désire étalonner le capteur et calculer les coordonnées des points de la mire, prend alors la forme suivante :

$$\Phi_{9+6m+3n} = [f_x, f_y, u_0, v_0, a_1, a_2, a_3, p_1, p_2, X^1, Y^1, Z^1, ..., X^n, Y^n, Z^n,$$
$$T_x^1, T_y^1, T_z^1, a^1, \beta^1, \gamma^1, ..., T_x^m, T_y^m, T_z^m, a^m, \beta^m, \gamma^m]^T$$

où (n) représente le nombre de points de la mire et (m) le nombre d'images d'observation.

Le problème de calibrage consiste donc à estimer le vecteur Φ qui minimise ($S = \sum_{i=1}^{n} \sum_{j=1}^{n} \left(e_{xij}^2 + e_{yij}^2\right)$), où $P(\Phi)$ et $Q(\Phi)$ sont des fonctions non linéaires de Φ.

Un moyen de résoudre ce problème est de faire une linéarisation de *(Eq. 3.15)* à partir d'une valeur initiale Φ_0 et de calculer un vecteur de correction $\Delta\Phi$ à apporter au vecteur de paramètres.

Soient n points 3D et leurs points correspondants dans les m images, on peut écrire sous forme matricielle le système de *2nm* équations linéarisées :

$$V(\Phi) = E(\Phi_0) + \frac{\partial E}{\partial \Phi_i} \Delta\Phi_i \qquad\qquad (Eq.\ 3.16)$$

que nous noterons à des fins simplificatrices

$$V = L + A\,\Delta\Phi \qquad\qquad (Eq.\ 3.17)$$

avec

$$L = E(\Phi_0) \quad \text{et} \quad A = E_{\Phi_0}' = \frac{\partial E}{\partial \Phi_{/\Phi=\Phi_0}}$$

L représente la valeur du critère et A la matrice jacobienne du système, pour le vecteur de paramètres courant Φ_0.

Soit la matrice de pondération des mesures W, (matrice diagonale, mise à l'identité si toutes les mesures sont équiprobables), la résolution au sens des moindres carrés de *(Eq. 3.17)* revient à estimer :

$$\min_{\Delta\Phi \in \Re^{15}} \left(V^T W V \right) \qquad \qquad (Eq.\ 3.18)$$

En posant $\Omega = V^T W V$, la solution du système est obtenue lorsque l'ensemble des dérivées partielles de Ω par rapport à nos inconnues sont nulles ; soit encore : $\dfrac{\partial\Omega}{\partial\Phi} = 0$, i.e.

$$\frac{\partial\Omega}{\partial\Phi} = 2V^T W \frac{\partial V}{\partial\Phi} = 2V^T W A = 0, \quad \Rightarrow A^T W V = 0$$

En substituant V par son expression extraite de (*Eq. 3.17*), l'équation ci-dessus devient :

$$A^T W (L + A\Delta\Phi) = A^T W L + A^T W A \Delta\Phi = 0 \qquad \qquad (Eq.\ 3.19)$$

Ce qui conduit à la solution de $\Delta\Phi$:

$$\Delta\Phi = -\left(A^T W A \right)^{-1} \left(A^T W L \right) \qquad \qquad (Eq.\ 3.20)$$

3.5.3.2 Calibrage multi-images

Une des causes principales de mauvais résultats de calibrage provient des erreurs de mesure (quelles soient dans l'image aussi bien que sur la mire).

Pour pallier ce problème, il est possible de combiner dans un même système plusieurs images provenant de la même caméra mais pour des positions spatiales (rotation et/ou translation) différentes.

Dans ce cas, les paramètres intrinsèques sont les mêmes pour toutes les images et le calibrage estime le vecteur de paramètres suivant :

$$\Phi_{9+6m} = [x_0, y_0, a_1, a_2, a_3, p_1, p_2, f_x, f_y,$$
$$T_x^1, T_y^1, T_z^1, \alpha^1, \beta^1, \gamma^1, ..., T_x^m, T_y^m, T_z^m, \alpha^m, \beta^m, \gamma^m]^T$$

La matrice $A_{2mn \times (9+6m)}$ de (*Eq. 3.17*) est alors de la forme :

$$A = \begin{bmatrix} & \vline & A_{2nx6}^{11} & & & 0 \\ & \vline & & \cdots & & \\ A_{2mnx9}^{1} & \vline & & & A_{2nx6}^{ii} & \\ & \vline & & & & \cdots \\ & \vline & 0 & & & A_{2nx6}^{mm} \end{bmatrix}$$

où m est le nombre d'images et *n* le nombre de points par image. Le nombre total d'équations est *(2mn)* et le nombre total de paramètres est *(9 + 6m)*.

La redondance *r*, différence entre le nombre de mesures et le nombre d'inconnus, est donnée par *r = 2mn - 9 - 6m,* et prend une valeur bien plus importante que dans le cas d'un calibrage avec une seule image.

Un avantage important de l'approche multi-images est également de permettre une utilisation plus souple de la mire. En effet pour l'étalonnage des objectifs à focale courte, la mire ne peut jamais couvrir tout le champ de l'image. Une série de vues permet alors d'obtenir des données réparties sur toute la surface du capteur et de rendre beaucoup plus robuste l'estimation des paramètres de distorsion a_1, a_2, a_3, p_1. p_2 essentiellement pour les objectifs de courte focale.

3.5.3.3 Auto-calibrage

L'idée générale est de réestimer, dans une approche multi-images, la géométrie de la mire en même temps que l'on détermine les paramètres intrinsèques de la caméra. En effet, les mires d'étalonnage de qualité sont souvent difficiles à réaliser et une mesure précise des points 3D utilisés s'avère onéreuse. De plus, l'utilisation d'un capteur à focale courte où d'un zoom conduit à recourir à différentes mires adaptées aux conditions expérimentales.

Soient alors les équations de colinéarités :

$$
\left.
\begin{aligned}
u+e_x &= u_0 + \frac{(do_{xr}+do_{xt})}{dx} + \left(\frac{f}{dx}\right)\frac{r_{11}X+r_{12}Y+r_{13}Z+T_x}{r_{31}X+r_{32}Y+r_{33}Z+T_z} = P(\Phi) \\
v+e_y &= v_0 + \frac{(do_{yr}+do_{yt})}{dy} + \left(\frac{f}{dy}\right)\frac{r_{21}X+r_{22}Y+r_{23}Z+T_y}{r_{31}X+r_{32}Y+r_{33}Z+T_z} = Q(\Phi)
\end{aligned}
\right\}
\qquad (Eq.\ 3.21)
$$

Le vecteur de paramètres à estimer, si l'on désire étalonner le capteur et calculer les coordonnées des points de la mire, prend alors la forme suivante :

$$
\begin{aligned}
\Phi_{9+6m+3n} = [&x_0, y_0, a_1, a_2, a_3, p_1, p_2, f_x, f_y, \\
& X^1, Y^1, Z^1, ..., X^n, Y^n, Z^n, \\
& T_x^1, T_y^1, T_z^1, a^1, \beta^1, \gamma^1, ..., T_x^m, T_y^m, T_z^m, a^m, \beta^m, \gamma^m]^T
\end{aligned}
$$

Où *n* représente le nombre de points de la mire et *m* le nombre d'images d'observation.

Le nombre d'inconnu sera alors :
   ✧ *9* paramètres intrinsèques

   ✧ *3 n* points de la mire

❖ *6 m* paramètres extrinsèques

Le nombre d'équation est : *2* x *m* x *n*. Ce qui donne une valeur de la redondance du système :   *r = 2 m n – (9 + 3 n + 6 m)*.

3.5.4 Mise en œuvre pratique de l'auto-calibrage

La première étape dans le processus de calibrage consiste à la construction d'une mire qui servira de repère spatial pour la scène.

Une mire de calibrage peut être tridimensionnelle et sa géométrie est parfaitement connue ou au contraire bidimensionnelle et montée sur des platines de translation permettant d'obtenir un ensemble de points non coplanaires.

La mire de calibrage choisie dans notre expérimentation est une feuille de papier avec une matrice de taches noires sur un fond blanc (*Figure 3.15*). Pour pouvoir repérer l'origine du repère ainsi que les axes *X*, *Y* et *Z*, certaines taches noires sont entourées de marqueurs. Le marqueur en forme d'anneau permet, par exemple, de déterminer l'origine du repère du monde ; le marqueur en forme de triangle, l'axe *X* ; et celui en forme de carré, l'axe *Y*.

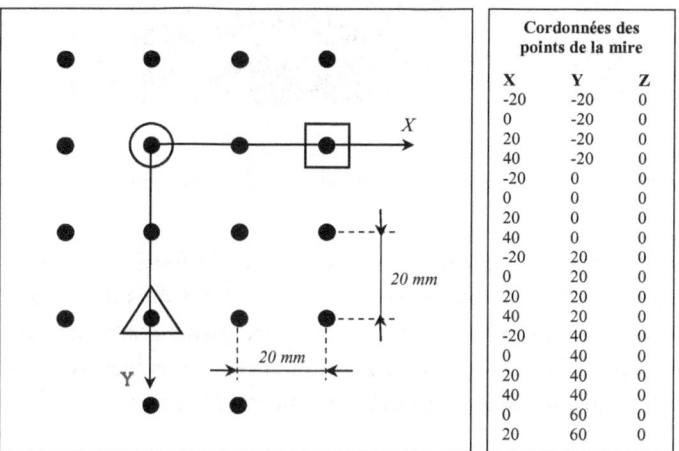

Figure 3.15 – *Mire de calibrage utilisée*

L'utilisation d'une mire plane facilite grandement la mesure de chaque coordonnée, étape qui en pratique ne prend guère plus de quelques minutes lors de la première utilisation de la mire.

La mire est fixée sur une plaque solidaire de la platine de translation 3D. Ainsi, la plaque peut être déplacée d'une distance déterminée et connue avec la précision donnée par le constructeur de la platine. Pour pouvoir effectuer toutes sortes de déplacements, on ajoute à cette platine un certain nombre de rotations. Pour cela, un système de platines de translations et de rotations tridimensionnelles a été construit permettant des déplacements micrométriques (*Figure 3.16*).

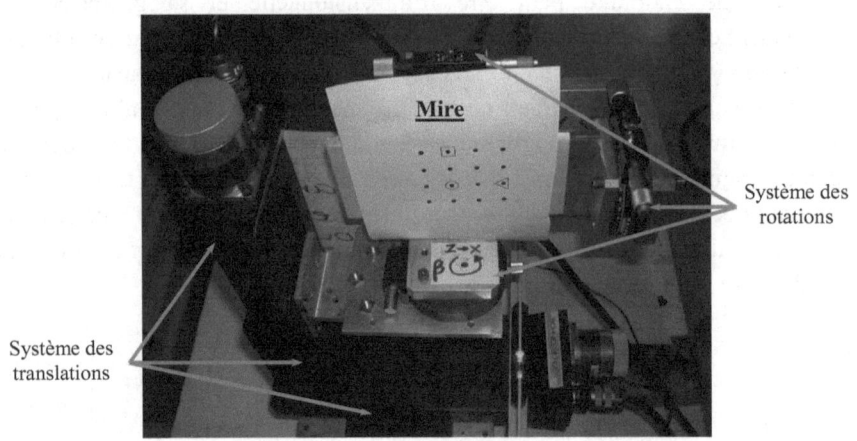

Figure 3.16 – *Photo de la mire de calibrage et des systèmes des déplacements*

Une caméra à capteur CCD munie d'un objectif de focale *50 mm* est fixée en face de la mire, dans la direction *Z*, permettant l'acquisition des différentes images de la mire. Nous avons utilisé dans notre manipulation la caméra Pulnix TM 6705 de résolution *648x484* pixels et dont les pixels mesurent *9 μm x 9μm* (*§ 3.4.1*). Le montage complet est présenté sur la figure ci-dessous :

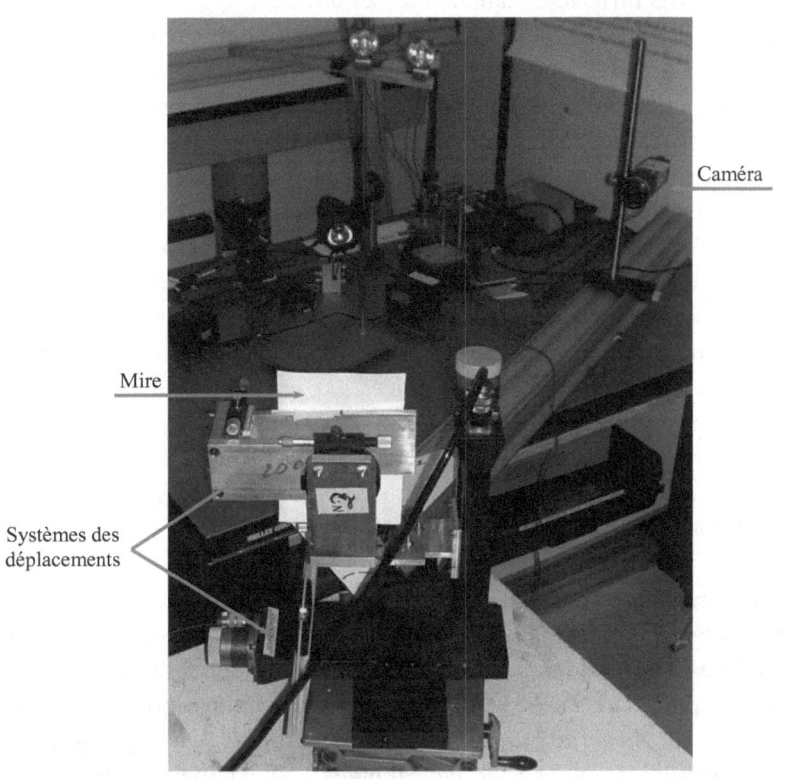

Figure 3.17 – *Photo du montage de calibrage d'une caméra*

Les images présentées sur la *Figure 3.18* montrent un échantillon de *3* vues prises pour calibrer une caméra équipé d'un objectif de *50 mm*.

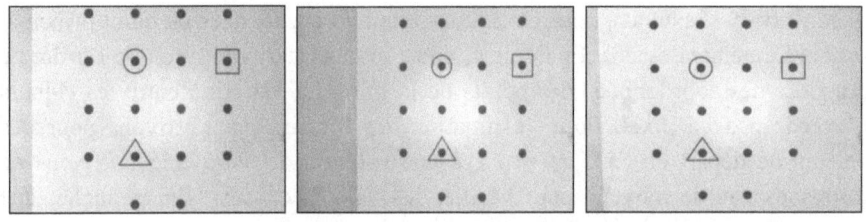

Figure 3.18 – *Séquence partielle de 3 vues prises pour auto-calibrage*

A partir de telles images, il s'agit de réaliser différents algorithmes de traitement d'images pour relier les coordonnées image d'un point avec ses coordonnées tridimensionnel correspondantes. La méthode utilisée consiste, tout d'abord, à séparer les motifs (ou taches) et les marqueurs sur deux images distinctes. Cette séparation est réalisée, après une binarisation de l'image, selon le critère d'aire moyenne des éléments de l'image. Les éléments marqueurs ont une aire de l'ordre de cinq fois celle d'un élément motif. A ce stade des traitements, deux images binaires sont associées à une image enregistrée. Ensuite, l'image binaire des marqueurs est traitée pour déterminer les coordonnées image des centres des marqueurs. Et l'image binaire des motifs ainsi que l'image acquise, sont traitées pour déterminer les coordonnées image des centres des motifs. Enfin, les coordonnées image des motifs sont reliées aux coordonnées tridimensionnelles correspondant à l'aide des coordonnées image des marqueurs [Coudert 2002].

Il est à noter que plusieurs méthodes et algorithmes pour la détection des taches et des marqueurs ont été développés au cours des dernières années [Fournel 1992, Lavest 1999, Coudert 2002].

L'algorithme d'auto-étalonnage utilisé consiste à estimer en premier temps la focale et le point principal (f_x, f_y, u_0, v_0). L'algorithme estimera ensuite les localisations et le positionnement de la mire. Cette optimisation intervient au sein d'une procédure basée sur l'algorithme de minimisation de Levenberg-Marquardt (voir *Numerical Recipes* pour les détails *http://www.nr.com/*).

Pour l'initialisation du vecteur de calibrage, les coefficients de distorsions radiale et tangentielle sont généralement égaux à zéro. Le point principal est placé au centre de l'image et la focale est déterminée à partir de la focale (en *mm*) de l'objectif et de la taille élémentaire du pixel de la matrice CCD utilisée. Dans notre cas, $f_x = f_y = f_{obj}/9\mu m$.

Dans le *Tableau 3.4*, on présente les résultats d'un auto-calibrage réalisé avec une mire de *18* points et une série de *8* prises de vues.

A partir de ces résultats, nous constatons que les coordonnées du point principal sont extrêmement égales. Egalement, nous notons l'harmonisation de l'ordre de grandeur des coordonnées des points de la mire. La variation entre les valeurs n'excède pas *0,5* pixel. Pour l'estimation des focales, nous arrivons pour des valeurs de départ de *5555* (f_x et f_y), à une solution de *6000* et *6055*. Nous ne disposons pas de moyens pour vérifier les valeurs exactes. En revanche, une discordance est remarquée au niveau du positionnement de la mire par rapport au repère de la caméra. En effet, un décalage de l'ordre de *10 mm* suivant x et de

20 mm suivant *y* est apparu. Ceci s'explique par le fait que l'origine du repère objet est décalée par rapport au point principal.

Il est à signaler enfin que cet algorithme d'auto-étalonnage requiert quelques précautions pour calibrer les capteurs. En effet, l'ensemble des paramètres n'est pas optimisé en une seule étape. L'algorithme diverge systématiquement en lâchant les paramètres tous en même temps.

Cependant, plusieurs sources d'erreurs sont possibles :

✳ Imprécision au niveau de la construction de la mire.

✳ Imprécision quant aux valeurs des caractéristiques de la caméra et de l'objectif utilisés.

✳ Mauvaise détection des taches…

		Résultats de l'optimisation	Vecteur de calibrage initial
Param. Intrinsèques	u_0	320.339290	320
	v_0	240.088909	240
	a_1	0.000000	0
	a_2	0.000000	0
	a_3	0.000000	0
	p_1	0.000000	0
	p_2	0.000000	0
	f_x	6001.981459	5555
	f_y	6055.659144	5555
Point 01	X_1	-20.003105	-20
	Y_1	-19.862207	-20
	Z_1	-0.008150	0
Point 02	X_2	-0.119718	0
	Y_2	-19.882852	-20
	Z_2	-0.167256	0
Point 03		20.144733	20
		-19.839831	-20
		-0.293391	0
Point 04		40.081545	40
		-19.905286	-20
		-0.525060	0
Point 05		-20.056511	-20
		0.032844	0
		0.065544	0
Point 06		-0.189416	0
		-0.048048	0
		-0.059585	0
Point 07		20.069543	20
		0.008220	0
		-0.227770	0
Point 08		40.017023	40
		-0.018385	0
		-0.431201	0
Point 09		-20.051688	-20
		19.912225	20
		0.130289	0
Point 10		-0.170027	0
		19.894829	20
		0.009850	0
Point 11		20.136351	20
		19.943051	20
		-0.136187	0
Point 12		40.074510	40
		19.873401	20
		-0.325142	0
Point 13		-20.098823	-20
		39.814513	40
		0.212509	0
Point 14		-0.219052	0
		39.745216	40
		0.119845	0
Point 15		20.086341	20
		39.812864	40
		-0.023167	0
Point 16		40.028490	40
		39.764932	40
		-0.193041	0
Point 17		-0.348913	0
		59.739366	60

		Résultats de l'optimisation	Vecteur de calibrage initial
		0.222244	0
Point 18	X_{18}	19.827919	20
	Y_{18}	59.782903	60
	Z_{18}	0.086858	0
Image 01	Tx_1	-10.467335	0.0
	Ty_1	-20.309872	0.0
	Tz_1	1120.863234	1120.0
	a_1	0.273019	0.0
	β_1	0.548057	0.0
	γ_1	-0.047124	0.0
Image 02		-10.459083	0.0
		-22.783329	0.0
		1120.176277	1120.0
		-20.299020	-20.0
		0.248668	0.0
		0.503452	0.0
Image 03		-10.454298	0.0
		-18.158856	0.0
		1121.901646	1120.0
		20.317205	+20.0
		0.783147	0.0
		-0.522132	0.0
Image 04		-5.184807	0.0
		-20.269417	0.0
		1083.864157	1082.487
		0.180031	0.0
		-14.684748	-15
		-0.077219	0.0
Image 05		2.958412	0.0
		-20.080849	0.0
		1182.803910	1185.283
		-0.436745	0.0
		26.099284	25
		-0.156065	0.0
Image 06		-10.459675	0
		-20.380979	0
		1109.252199	1110
		-0.118812	0
		0.169545	0
		-0.045403	0
Image 07		-10.473512	0
		-20.257771	0
		1134.874903	1135
		0.160485	0
		0.028513	0
		-0.044981	0
Image 08	Tx_8	-3.411608	7
	Ty_8	-20.095336	0
	Tz_8	1130.553526	1130
	a_8	-0.204007	0
	β_8	0.000253	0
	γ_8	-0.043474	0

Résidus = 0,000117

Tableau 3.4 – *Etalonnage d'une caméra avec une mire de 18 points et 8 prises de vue*

114

Références bibliographiques

[Adrian 1983]   ADRIAN R. J. and YAO C. S.
                     Development of pulsed laser velocimetry for measurement of fluid
                     flow
                     Froc. 8th Symp. on Turbulence. eds. G. Patterson and J. L Zakin. Univ.
                     Missouri-Rola, pp.170-186, 1983

[Allano 1996]   ALLANO D. et FOURNEL T.
                     Vélocimétrie par image de particules, optimisation et applicabilité aux
                     grandes souffleries
                     Rapport final contrat DRET, n° 94, 2559 A, 1996

[Ame 1984]   American Society for Photogrammetry
                     Manual of photogrammetry
                     4th Edition,1984

[Balint 1982]   BALINT
                     Application d'une méthode de visualisation laser et de traitement
                     d'images à l'étude de la dispersion dans des écoulements turbulents
                     Thèse de doctorat, Univ. Claude Bernard, Lyon 1, 1982

[Caminat 1999]   CAMINAT P., BOURNOT P. et STEFANINI J.
                     Etude par visualisation d'un jet axisymétrique perturbé
                     Actes du 8ème Colloque National de Visualisation et de Traitement
                     d'Images en Mécanique des Fluides, Toulouse, France, pp. 133-138,
                     01-04 juin 1999

[Cavadore 1998]   CAVADORE C.
                     Conception et caractérisation de capteurs d'images à pixel actifs
                     CMOS-APS
                     Thèse de Recherche (3e cycle) à SUPAERO et THOMSON-TCS, 1998

[Coudert 1998]   COUDERT S.
                     Etude des techniques de DPIV et DPSV mono-exposées
                     Rapport de DEA, Université Jean Monnet de Saint-Etienne -
                     Laboratoire Traitement du Signal et Instrumentation, 1998

[Coudert 2002]   COUDERT S.
                     Mesures 3D par caméras CCD de champs de vitesse dans des
                     écoulements turbulents
                     Thèse de doctorat, Université Jean Monnet de Saint-Etienne, France,
                     2002

[Dubois 2001]   DUBOIS J.
                     De l'intégration d'algorithmes de traitement d'images pour la mesure
                     temps réel du mouvement vers la définition d'une architecture
                     générique
                     Thèse de doctorat, Université Jean Monnet de Saint-Etienne, France,
                     2001

[Dudderar 1977]   DUDDERAR T. D. and SIMPKINS P. G.
                   Laser Speckle photography in a fluid medium
                   Nature, 270, pp. 45-47, 1977

[Edge 1994]   EDGE K A., XIAO S., SHU J. J and BURROWS C. F.
                   Flow Visualization of Cavitation in a Mock - up of a single Cylinder
                   Reciprocating Plunger Pump using High - Speed Cinematography
                   In : Fluid Control, Fluid Measurement, Fluid Mechanics, Visualization
                   and Fluidics, 4th Triennal International Symposiun (Flucome '94),
                   Toulouse, pp.1101–1106, 1994

[Fayolle 1997]   FAYOLLE J.
                   Etude d'algorithmes de traitement d'images pour l'analyse du
                   mouvement d'objets déformables - Application à la mesure de vitesses
                   d'écoulements
                   Thèse de doctorat, Université de Saint-Etienne, France, 1997

[Foucaut 1999]   FOUCAUT J.M., DUPONT P., CARLIER J. et STANISLAS M.
                   Etude d'une couche limite turbulent à grand nombre de Reynolds par
                   PIV
                   Actes du 8ème Colloque National de Visualisation et de Traitement
                   d'Images en Mécanique des Fluides, Toulouse, France, pp. 127-132,
                   01-04 juin 1999

[Fournel 1992]   FOURNEL T., DAGNIÈRE J., PIGEON J., LABOURE M. J. and
                   MOINE M.
                   A determination of the center of an oject by autoconvolution
                   Acta Stereologica, vol. 11, n° 1, pp. 279-284, 1992

[Gauthier 1988a]   GAUTHIER V. and RIETHMULLER M. L.
                   Application of PIDV to complex flows: Resolution of the directional
                   ambiguity
                   Particle Image Displacement Velocimetry, VKI Lecture Series 1988-
                   06, March 21-25, 1988

[Gauthier 1988b]   GAUTHIER V. and RIETHMULLER M. L.
                   Application of PIDV to complex flows: Measurement of the third
                   component, Particle Image Displacement Velocimetry, VKI Lecture
                   Series 1988-06, March 21-25, 1988

[Grobel 1991]   GROBEL M. and MERZKIRCH W.
                   White-light Speckle Velocimetry Applied to Plane Free Convective
                   Flow Experimental Heat Transfer, vol. 4, pp. 253-262, 1991

[Horaud 1993]   HORAUD R., MONGA O.
                  Vision par Ordinateur
                  Editions Hermès, 1993

[Keane 1992]   KEANE R. D. and ADRIAN R. J.
                  Theory of cross-correlation analysis of PIV images
                  Applied scientific research, vol. 49, pp. 191-215, 1992

[Lahbabi 1992]   LAHBABI F. Z.
                  Frontières d'écoulements turbulents et traitement numérique d'images
                  Thèse de doctorat, Institut National Polytechnique de Toulouse, France,
                  1992

[Lavest 1999]   LAVEST J. M., VIALA M. and DHOME M.
                  Quelle précision pour une mire d'étalonnage ?
                  Traitement du signal, vol. 16, n° 3, pp. 241-254, 1999

[Lecordier 1999] LECORDIER B. and LECORDIER J.C. and TRINITE M.
                  Iterative   sub-pixel   algorithm   for   the   cross-correlation   PIV
                  measurements Third Int. Workshop On PIV, Santa Barbara, 1999

[Lourenco 1984]   LOURENCO L. M.
                  Velocity measurement by optical and digital processing of time
                  exposed particle pairs
                  Bull. Amer. Phys. Soc., 29, pp. 1531, 1984

[Lourenco 1991]   LOURENCO L. M.
                  Particle Image Velocimetry: Photographic and Video techniques
                  Laser Velocimetry, VKI Lecture Series 1991-05, June 1991

[Lourenco 1995]   LOURENCO L. and KROTHAPALLI A.
                  On the accuracy of velocity and vorticity measurements with PIV
                  Experiments in fluids, vol. 18, pp. 421-428, 1995

[Meynart 1983a]   MEYNART R.
                  Instantaneous velocity field measurements in unsteady gas flow by
                  specklevelocimetry
                  Applied Optics, vol. 22, pp. 535-540, 1983

[Meynart 1983b]   MEYNART R.
                  Mesure de champs de vitesse d'écoulements fluides par analyse de
                  suites d'images obtenues par diffusion d'un feuillet lumineux
                  Phd Thesis. Univ. Libre de Bruxelles, October 1983

[Nielsen 1968]   NIELSEN K. L.
                  Methods in numerical analysis
                  Macmillan Compagny, 2nd Ed., pp. 265-290, 1968

[Page 1999]   PAGE J., BLANCHARD J., SAHR B. et GÖKALP I.
                  Etude par visualisation des caractéristiques géométriques du champ

proche de jets axisymétriques à masse volumique variable
Actes du 8ᵉᵐᵉ Colloque National de Visualisation et de Traitement d'Images en Mécanique des Fluides, Toulouse, France, pp. 115-120, 01-04 juin 1999

[Paone 1989]   PAONE N. RIETHMULLER M. L. and VANDENBRAEMBUSSCHE R.
Experimental investigation of the flow in the vaneless diffuser of a centifugal pump by Particle Image Displacement Velocimetry
Experiments in fluids, vol 7, pp. 371-378, 1989

[Quénot 2001]   QUENOT G., RAMBERT A. and LUSSEYRAN F.
Simple and accurate PIV camera calibration using single target image and camera focal length
4ᵗʰ International Symposium on Particle Image Processing, Göttengen, Germany, 17-19 September 2001

[Raffel 1996a]   RAFFEL M., KOST F., WILLERT C. and KOMPENHANS J.
Experimental Aspects of PlV Measurements ofTransonic Flow Fields at a Trailing Edge Model of a Turbine Blade
Eighth International Symposium on the Applications of laser techniques to Fluid Mechanics. Lisbon (Portugal), Paper 28.1, 8-11 Juillet 1996

[Raffel 1996b]   RAFFEL M., SEELHORST D., WILLERT C., VOLLMERS H., BÜTEFISH KA. and KOMPENHANS J.
Measurement of Vortical Structures on a Helicopter Rotor Model in a Wind Tunnel by LDV and PlV
Eighth International Symposium on the Applications of laser techniQues to Fluid Mechanics. Lisbon (Portugal), Paper 14.3, 8-11 Juillet 1996

[Rambert 2001]   RAMBERT A., LUSSEYRAN F., GOUGAT P., ELCAFSI A., et QUENOT G.,
Structures tourbillonnaires dans une cavité en interaction avec une couche limite : PIV par flot optique
XVᵉᵐᵉ Congrès Français de Mécanique, Nancy, 3-7 Septembre 2001

[Riethmuller 1990] RIETHMULLER M. L, CORIERI P. and SELFSLAGH N.
Mesures de champ de vitesses d'écoulement à partir de l'enregistrement vidéo d'une visualisation par feuillet lumineux
2ᵉᵐᵉ Congrès Francophone de Vélocimétrie Laser, Meudon, Septembre 1990

[Riethmuller 1992] RIETHMULLER M. L.
La vélocimétrie à images de particules ou PlV : Synthèse des communications récentes
3ᵉᵐᵉ Congrès Francophone de Vélocimétrie Laser, Toulouse, France, Sept. 21-24, 1992

[Riethmuller 1996]   RIETHMULLER M. L.
Vélocimétrie par images de particules ou PIV : Synthèse des travaux récents
5ème Congrès Francophone de Vélocimétrie Laser, Rouen, France, Sept. 24-27, 1996

[Riethmuller 1997]   RIETHMULLER M. L.
Vélocimétrie par Images de Particules ou PIV
Institut Von Karman, Course Note 148, 1997

[Riou 1999]   RIOU L.
Méthodes de calibrage d'un système stéréoscopique pour la mesure de vitesse d'écoulements 2D et 3D
Thèse de doctorat, Université Jean Monnet de Saint-Etienne, France, 1999

[Rouland 1994]   ROULAND E.
Etude et développement de la technique de vélocimétrie par intercorrélation d'images de particules. Application aux écoulements en tunnel hydrodynamique
Thèse de doctorat, Université de Rouen, France, 1994

[Schon 1984]   SCHON J. P., COURCIER C., LEE C., FRABEL F., MEJEAN P. et GRANIER J. P.,
Visualisation quantitative d'écoulements – Définition de nouveaux paramètres caractérisant les écoulements turbulents
Ecole Centrale de Lyon, Ecully, 7 - 9 novembre 1984

[Stefanini 1992]   STEFANINI G., COGNET J. C., VILA J. C. et BRENIER Y.
Tomographie Laser Couleur par Caméra CCD
Visualisation et Traitement d'Images en Mécanique des Fluides, 5e Colloque National, Poitiers, pp. 403-407, 1992

[Westerweel 1993]   WESTERWEEL J.
Analysis of PIV interrogation with low pixel resolution.
SPIE, vol. 2005, pp. 624-635, 1993

[Westerweel 1996]   WESTERWEEL J., DRAAD A. A., VAN DER HOEVEN G. T. and VAN OORD J.
Measurement of fully-developed turbulent pipe flow with digital particle image velocimetry.
Experiments in fluids, vol. 20, pp. 165-177, 1996

[Westerweel 1997]   WESTERWEEL J., DABIRI D. and GHARIB M.
The effect of a discrete window offset on the accuracy of cross-corelation analysis of digital PIV recordings
Experiments in fluids, vol. 23, pp. 20-28, 1997

[Willert 1991]   WILLERT C. E. and GHARIB M.
Digital particle image velocimetry
Experiments in fluids, vol. 10, pp. 181-193, 1991

[Wima]   WIMA : Logiciel de traitement d'images
Groupe "IMAGe", Laboratoire de Traitement du Signal et
Instrumentation, Université Jean-Monnet de Saint-Etienne
http://www.univ-st-etienne.fr/tsi/svemouv

[Zara 1996]   ZARA H., FAYOLLE J., JAY J., FISHER V., TAFAZZOLI E.,
FOUQUET R. et SCHON J. P.
Système d'acquisition d'images en vidéo rapide 512*512 pixels à 100
images/seconde
ANRT, Colloque Imagerie rapide et photonique, Paris, France, mai
1996

[Zara 1997]   ZARA H.
Système d'acquisition vidéo rapide – Application à la mécanique des
fluides
Thèse de doctorat, Université Jean Monnet de Saint-Etienne, France,
1997

Chapitre **4**

RESULTATS EXPERIMENTAUX

Ce chapitre est consacré à l'étude expérimentale des écoulements de type jet axisymétrique. Les expériences ont été réalisées sur les installations expérimentales du LTSI à Saint-Etienne et de l'UMMFT à Monastir.

La première partie de ce chapitre est consacrée à la mesure de vitesse par la technique de PIV appliquée aux deux écoulements d'un jet d'eau dans l'eau (jet ascendant issu d'une buse de diamètre *D = 5 mm*) et d'un jet d'air dans l'air (jet descendant issu d'une buse de diamètre *D = 12,4 mm*). On s'intéressera particulièrement à la mesure de la vitesse longitudinale en différentes sections de la zone de transition du jet. La deuxième partie est destinée à l'étude de la zone de transition du jet d'air. Dans ce contexte, la visualisation des écoulements associée aux traitements d'images est utilisée afin d'étudier les instabilités et la transition à la turbulence.

En revanche, nous présentons à la fin du chapitre, les problèmes de visualisation des écoulements par l'utilisation des traceurs de faibles tailles.

4.1 Mesure de vitesse par PIV

4.1.1 Etude du jet d'eau

4.1.1.1 Introduction

Dans cette partie expérimentale, l'idée générale est d'utiliser la vélocimétrie par images de particules dans l'installation expérimentale du jet d'eau du LTSI qui possède des caractéristiques adaptées à ce type d'étude. L'écoulement étudié est un jet d'eau dans l'eau ascendant et turbulent à faibles nombres de Reynolds et qui débouche d'une fente circulaire (de diamètre *D = 5 mm*) dans une cuve à eau au repos.

Dans ce contexte, nous étudierons plus précisément le champ global de la vitesse dans la zone de transition laminaire-turbulent avec des champs de l'ordre de quelques millimètres.

Le présent travail est réparti essentiellement sur deux axes :

☞ L'étude expérimentale d'un jet axisymétrique d'eau dans l'eau :

- Mise au point d'un système d'alimentation de la cuve en eau et en particules d'ensemencement.
- Illumination de l'écoulement par une fine nappe laser permettant la visualisation des particules.
- Acquisition et enregistrement des images sur un micro-ordinateur de type PC.

☞ Le traitement des images par utilisation du module de PIV du logiciel WIMA [Wima] afin d'en extraire les informations utiles.

Le dispositif expérimental du jet d'eau est décrit dans le *Chapitre 3*, (*§ 3.2*).

4.1.1.2 Visualisation par tomographie laser du jet

Pour la visualisation de l'évolution de la structure du jet dans la cuve, nous avons utilisé une caméra Sony numérique monochrome 1394 XCD-X700 (de résolution *1280x960* pixels), équipée d'un objectif de focale égale à *50 mm*. Cette caméra nous permet d'observer des champs d'environ *30 cm* de hauteur pour diverses vitesses d'injection.

Sur la *Figure 4.1*, nous présentons deux images de la tranche du jet pour différentes vitesses d'injection.

Le jet étudié est un écoulement riche en phénomènes physiques liés essentiellement à la transition laminaire-turbulent comme le montre l'image de tomographie laser de la *Figure 4.1*.

Pour des faibles nombres de Reynolds (*Figure 4.1.a*), le jet présente les trois zones habituelles : zone laminaire, zone transitoire et zone turbulente. Des instabilités naissent puis se développent (instabilités de Kelvin-Helmholtz) dans les zones de mélange du jet. Le régime turbulent apparaît tout en s'éloignant de la sortie de la buse. La longueur de la zone laminaire diminue lorsque la vitesse d'injection augmente.

Pour des vitesses d'injection plus élevés (*Figure 4.1.b*), on observe les instabilités du jet près de la buse et le désordre de la turbulence plus en aval.

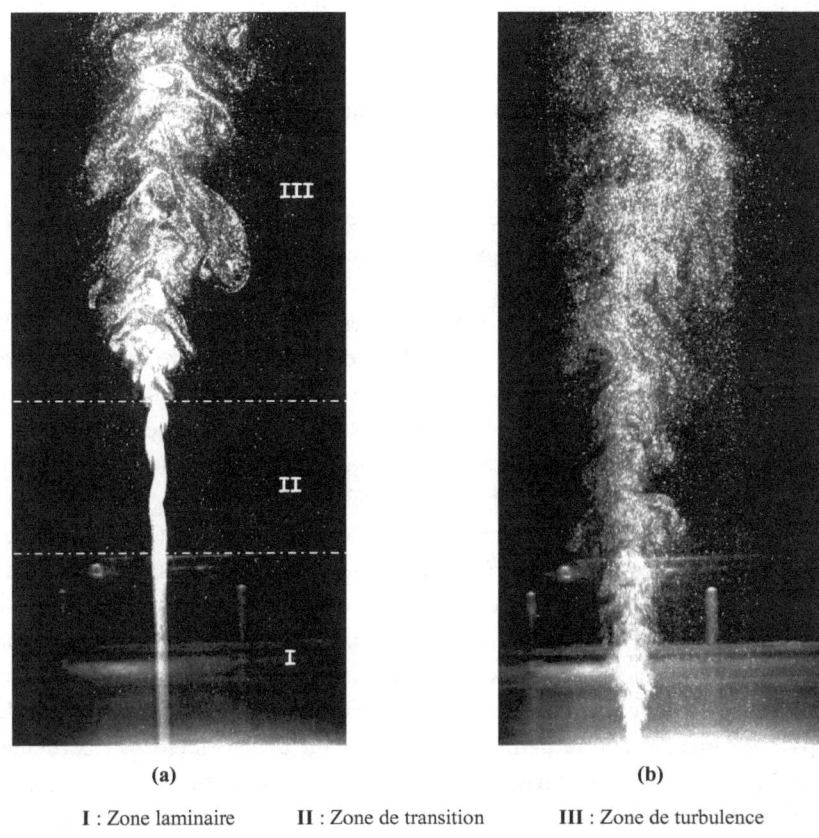

(a)   (b)

I : Zone laminaire   **II** : Zone de transition   **III** : Zone de turbulence

Figure 4.1 – Tomographie laser du jet d'eau dans l'eau

4.1.1.3 Etude du champ de vitesse

Dans cette partie, nous nous sommes intéressés à l'étude des champs de petites tailles dans la zone de transition laminaire-turbulent dans le but de caractériser l'écoulement et de mesurer le déplacement de petites particules dans cette zone. Ces champs sont de l'ordre de quelques millimètres (*15 x 12 mm²*). Pour cette étude, le système d'acquisition des images est constitué d'une caméra DiCAM PRO et d'un microscope longue distance QM-1 de Questar qui permet des domaines de focalisation de *56 cm* à *152 cm* (*http://www.polytec-pi.fr/Questar/QM1.HTM*).

123

➡ *Etalonnage*

Afin de faire la correspondance entre pixels et grandeurs réelles, nous utilisons un dispositif d'étalonnage appelé mire : c'est une plaque sur laquelle sont gradués des carrés de *2,5 mm* de côté sur une longueur de *90 mm* et de *45 mm* de largeur. La correspondance se fait en relevant les valeurs en millimètres selon les deux directions horizontale et verticale. Une valeur moyenne est alors déterminée. Pour cette expérience, un pixel correspond à *11,5 µm*.

Cette plaque est placée dans l'eau, sur l'axe du jet et elle est utilisée avant chaque expérience. Elle permet également la mise au point de la caméra.

➡ *Acquisition d'images*

Pour cette étude, les images sont enregistrées à l'aide d'une caméra DiCAM PRO intensifiée (*Chapitre 3, § 3.4*). Ce type de caméras assure des possibilités de muli-exposition des images avec des temps d'obturation ultra-rapides grâce à son intensificateur de lumière. En plus, cette caméra, équipée d'un double capteur, permet l'acquisition de paires d'images monoexposées avec un réglage précis du temps inter-images allant jusqu'à *500 ns*.

La fréquence d'acquisition des images dans le cas de la caméra DiCAM PRO est de *7* images par seconde. Cette fréquence ne permet pas des possibilités de suivi des particules d'un écoulement se déplaçant à des vitesses plus ou moins faibles (de l'ordre de quelques centimètres par seconde). Il y a trop de pertes d'informations dans ce cas. Pour cette raison, notre choix portera sur l'utilisation de cette caméra avec la configuration acquisition par paires d'images et des temps inter-images courts permettant le suivi du déplacement des particules. Soit *1,5 ms* le temps inter-images. Pour une vitesse moyenne du jet à l'injection U_0 de l'ordre de *0,20 m/s*, la particule du jet peut parcourir une distance de *0,3 mm* entre deux images successives, c'est à dire l'équivalent d'une trentaine de pixels (un pixel correspond à *11,5 µm*). Ce déplacement toléré sera important dans le choix des fenêtres de calcul des déplacements lors des traitements.

Le choix du temps d'exposition ou d'ouverture (correspondant à la durée d'une image) est très important pour l'obtention d'une meilleure capture des phénomènes physiques existants dans le jet. Le but ici est de ne pas avoir des particules en forme de traînée sur les images acquises. Soit *3* pixels l'ordre du déplacement maximal toléré au cours de l'acquisition d'une image. Une particule qui se déplace à une vitesse de l'ordre de *0,20 m/s*, parcourt cette distance (≈ *35 µm*) en un temps d'environs *200 µs*.

La technique d'acquisition par paires d'images permet d'enregistrer, avec la caméra DiCAM PRO, des couples d'images d'un même champ de particules correspondant à un décalage de temps fixé à quelques millisecondes. Ces paires d'images sont ensuite séparées, on passe alors aux traitements et l'exploitation des résultats.

➡ *Traitements d'images et résultats*

Afin de déterminer une valeur moyenne de la vitesse de déplacement des particules par PIV, les images enregistrées sont traitées par le module PIV du logiciel WIMA [Ducottet 2001].

Pour une vitesse à l'injection $U_0 = 0,20$ *m/s*, la caméra CCD enregistre des paires d'images monoexposées et décalées par le temps d'inter-exposition (*1,5 ms*). Sur une séquence constituée de couples d'images successives, on génère un maillage dans chacune des images obtenues. On place ainsi une liste de fenêtres sur la séquence tout en précisant la taille et la période de la partition (*128 128, 64 64*). La taille des fenêtres est choisie en fonction du déplacement maximal des particules (*26* pixels pour un temps inter-images de *1,5 ms*). Le calcul d'intercorrélation (*Chapitre 3, § 3.1.3.4*) se pratique alors sur deux fenêtres de deux images enregistrées à deux instants successifs. Ces fenêtres occupent respectivement la même place dans l'image.

La maximisation de la fonction de corrélation par Transformée de Fourier permet de trouver u et v, qui sont respectivement les déplacements les plus probables des particules présentes dans la fenêtre de calcul suivant les axes x et y. Les calculs sont alors faits pour toutes les fenêtres des images de toutes les séquences enregistrées.

La détermination de la position du maximum se fait par interpolation sub-pixels entre les différentes valeurs entières de la fonction de corrélation. Cette méthode consiste à faire passer une gaussienne par les points proches du maximum dans le but d'avoir une position du pic avec une résolution inférieure au pixel (*Chapitre 3, § 3.1.3.4-c*).

La vitesse au centre de chaque fenêtre est ensuite déduite du déplacement déterminé en le divisant par le pas de temps séparant deux images.

Nous avons appliqué la technique de mesure de vitesse par PIV sur l'écoulement du jet d'eau. Pour cela, une série d'acquisition d'images a été réalisée avec des conditions expérimentales différentes. Dans le *Tableau 4.1*, nous récapitulons les données des expérimentations élaborées.

	JET D'EAU DANS L'EAU		
TRACEURS	Billes de verre		
Vitesse d'injection (m/s)	0,19	0,20	0,20
Re	950	1015	1015
x/D	~ 15	~ 9	~ 9
Temps d'inter-exposition (ms)	4	2	1,5
Nb d'images	300 paires	342 paires	380 paires

Tableau 4.1 – *Récapitulatif des expériences de mesure
de la vitesse du jet d'eau par PIV*

Sur la *Figure 4.2*, nous présentons un exemple de champ 2D de vecteurs de déplacement trouvé à la suite d'un traitement d'images par PIV sur deux images a et b enregistrées avec un temps de séparation égal à *1,5 ms*.

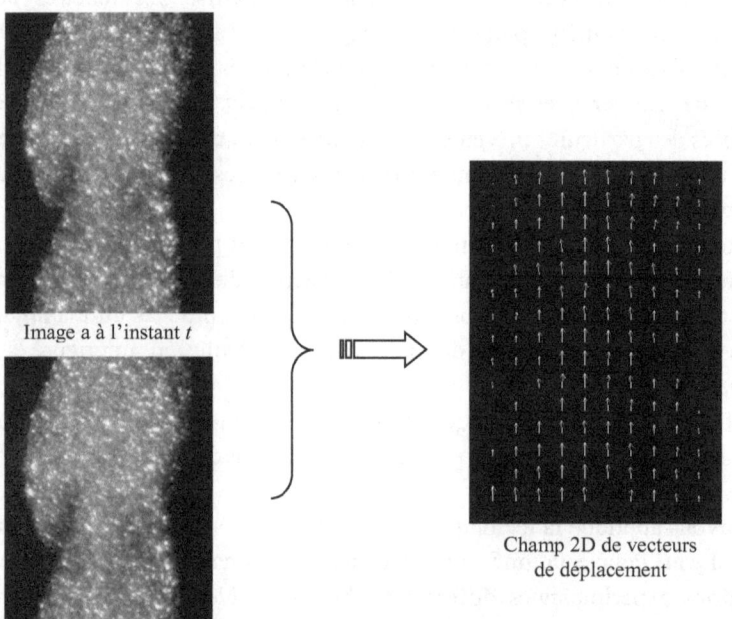

Image a à l'instant *t*

Image b à l'instant *t+Δt*

Champ 2D de vecteurs
de déplacement

Figure 4.2 – *Exemple de traitement d'images par
PIV (jet d'eau, Re = 1015)
(Champs de 15x12 mm², temps d'exposition = 200 μs,
Δt =1,5 ms)*

126

Afin d'avoir des informations sur les propriétés et les caractéristiques de la zone du jet étudiée, nous procédons à un traitement statistique d'une série de séquences d'images acquises et enregistrées dans les mêmes conditions ($U_0 = 0,20$ m/s, temps d'exposition $= 200$ μs, temps d'inter-exposition $= 1,5$ ms, champ de 15×12 mm^2...).

A partir des images obtenues, nous récupérons une série de 380 champs de vecteurs déplacement. Le champ moyen de vecteur déplacement et représenté sur la *Figure 4.3*.

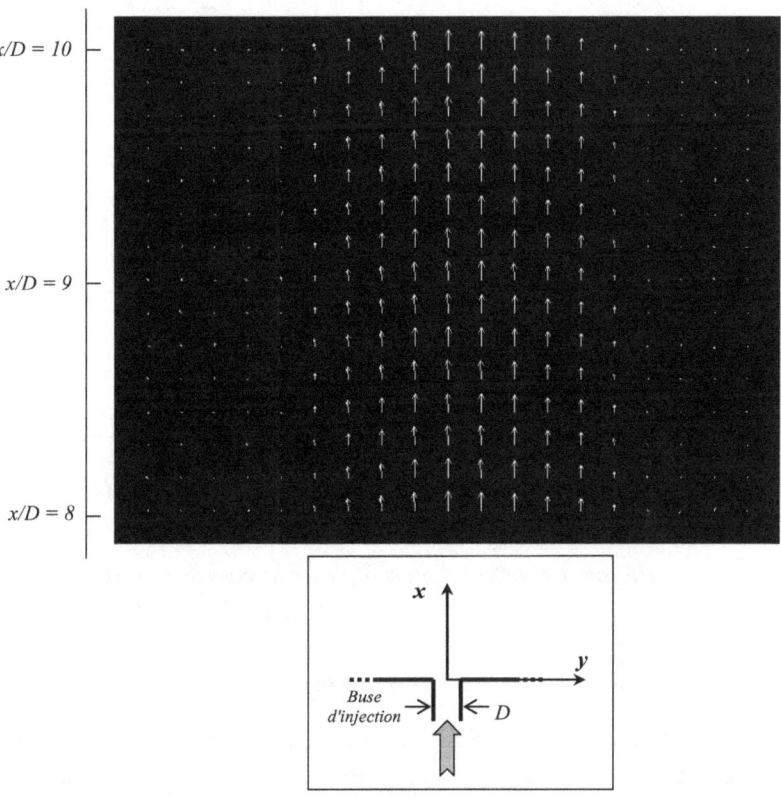

Figure 4.3 – *Champ moyen de vecteurs déplacement (jet d'eau, Re = 1015)*

Sur la *Figure 4.4*, nous présentons l'évolution de la vitesse moyenne dans trois sections différentes du jet ($x/D = 8$, 9 et 10). Cette vitesse moyenne présente une allure gaussienne qui atteint son maximum sur l'axe du jet. La vitesse diminue et

127

elle atteint des valeurs faibles tout en s'éloignant de l'axe du jet, les profils s'aplatissent à fur et à mesure que *y* croit. En revanche, une discordance est remarquée au niveau de la vitesse sur l'axe du jet. Ceci est dû à l'insuffisance de la précision sur la mesure de la vitesse à la sortie de la buse, En plus, le jet ne garde pas un état parfaitement perpendiculaire.

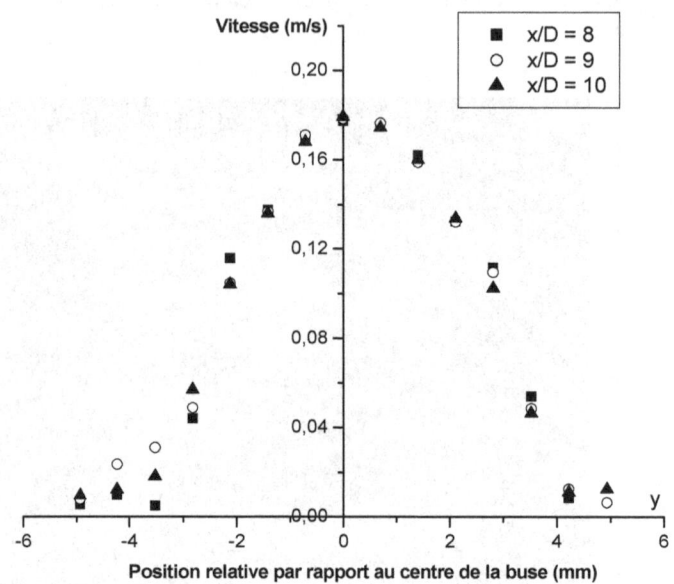

Figure 4.4 – *Evolution radiale de la vitesse moyenne en différentes sections du jet d'eau (Re = 1015)*

4.1.1.4 Validation expérimentale-numérique

Dans le but de comparer nos résultats expérimentaux et les résultats du code de calcul numérique déjà développé (*Chapitre 2*), nous présentons sur la *Figure 4.5*, le deux profils de la vitesse longitudinale pour le même nombre de Reynolds (*Re = 1015*). Le profil initial d'émission est uniforme, et la comparaison est faite à une hauteur *x/D = 10*. Cette figure montre que la vitesse adimensionnalisée longitudinale mesurée par PIV vérifie de manière plus ou moins convenable celle calculée numériquement.

Sur cette figure, *Y** correspond à l'ordonnée transversale pour laquelle *U = Uc/2*.

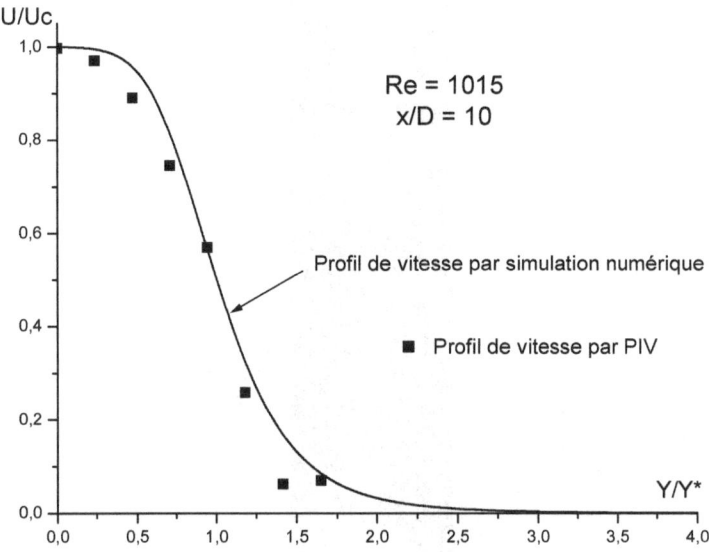

Figure 4.5 – *Validation expérimentale-numérique*
du profil de la vitesse du jet d'eau (Re = 1015)

4.1.2 Etude du jet d'air

4.1.2.1 Introduction

L'écoulement étudié est un jet d'air libre descendant à faibles nombres de
Reynolds et qui débouche d'une buse circulaire (*D = 12,4 mm*) dans une
enceinte à air au repos. Une description de l'installation expérimentale a été
présentée dans le *Chapitre 3 (§ 3.4)*.

Outre l'application de la technique de PIV sur notre installation expérimentale,
l'intérêt de cette étude réside dans la validation des résultats obtenus par notre
modèle numérique [Ben Aissia 2000, Ben Aissia 2002].

4.1.2.2 Chaîne de mesure et résultats

Pour cette étude, des mesures PIV dans des plans parallèles à l'axe de la buse
d'injection ont été réalisées dans la région sinueuse de la zone de transition de
l'écoulement du jet axisymétrique en régime laminaire (*Figure 4.6*). L'ordre de
grandeur des zones d'étude est de *25 x 20 mm²*.

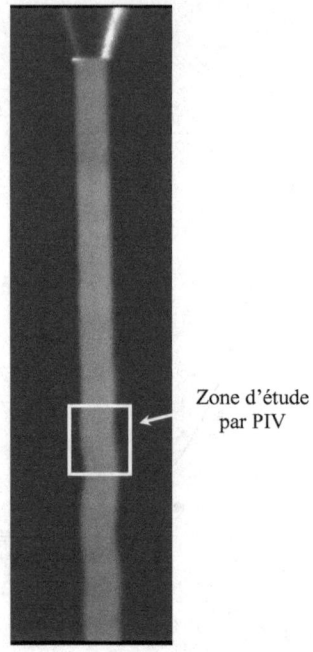

Zone d'étude
par PIV

Figure 4.6 – Localisation de la zone d'étude par PIV

Pour ce travail, notre chaîne de mesure comprend :

★ Un laser Argon continu qui permet de délivrer des puissances allant jusqu'à *7 Watts*.

★ Un générateur de nappe laser monté en aval de la source permettant l'obtention d'une fine tranche de laser verticale ($\approx$ *1 mm* d'épaisseur) et qui éclaire les particules en mouvement dans l'air.

★ Deux types de marqueurs qui ont une densité très proche de celle de l'air dans le but de suivre fidèlement l'écoulement et de ne pas le perturber :

- la fumée d'encens dont le diamètre des particules varie entre *0,5* et *5 µm* (utilisée pour l'ensemencement à l'intérieur du jet),
- des gouttelettes de vapeur d'huile (utilisées pour l'ensemencement à l'extérieur du jet).

★ La caméra DiCAM PRO (*Chapitre 3, § 3.4*) placée selon un axe perpendiculaire à la tranche laser et munie d'un objectif de *50 mm* de focale et d'une bague allonge de *40 mm*.

L'étalonnage est effectué avec une mire de papier placée sur l'axe du jet permettant de faire la correspondance entre pixels et grandeurs réelles. La valeur moyenne trouvée est de *19,1 µm/pixel*.

La même procédure d'acquisition et de traitement d'images a été employée pour le jet d'air :

• La caméra CCD enregistre des paires d'images monoexposées et séparées par le temps d'inter-exposition.

• Le traitement d'images est effectué en utilisant le logiciel WIMA [Wima]. Le calcul d'intercorrélation est fait à base de la Transformée de Fourier.

L'ensemble des mesures qui ont été réalisées à l'intérieur et à l'extérieur du jet d'air est présenté dans le tableau suivant :

	JET D'AIR DANS L'AIR			
	Intérieur du jet			**Extérieur du jet**
TRACEURS	Fumée d'encens			Vapeur d'huile
Vitesse d'injection (m/s)	1,04			1,04
Re	830			830
x/D	Sortie de la buse	~ 22	~ 24	~ 24
Temps d'inter-exposition (µs)	50 – 100 – 200 400 – 600	250 – 500 – 750	100 – 250 – 500 750 – 1000 – 2000 3000 – 5000	1000 – 2000 3000 – 5000
Nb d'images par temps d'inter-exposition	de 10 à 40 paires	de 100 à 180 paires	de 100 à 140 paires	de 100 à 140 paires

***Tableau 4.2** – Récapitulatif des expériences de mesure de la vitesse du jet d'air par PIV*

Sur la *Figure 4.7*, nous présentons un exemple de champ 2D de vecteurs de déplacement trouvé à la suite d'un traitement d'images par PIV sur deux images enregistrées avec un temps de séparation égal à *250 µs* pour un nombre de Reynolds égal à *830*.

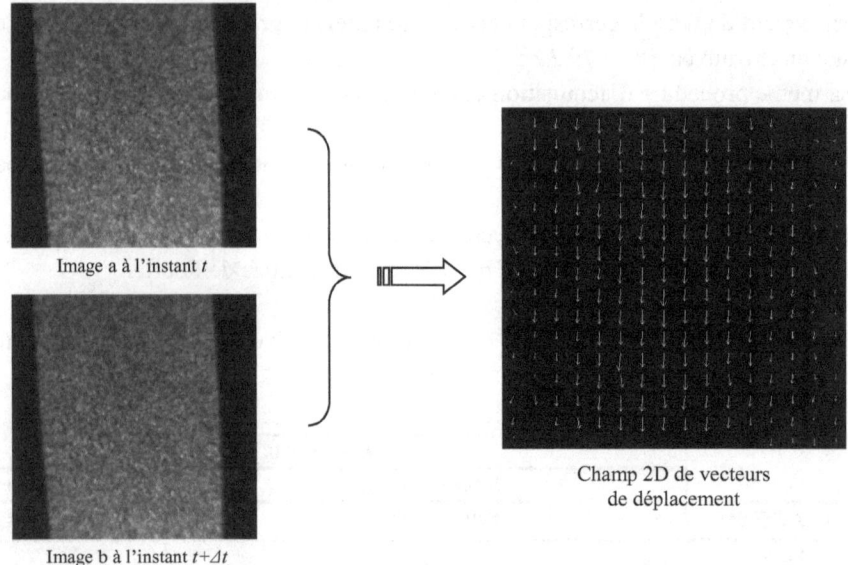

Image a à l'instant t

Image b à l'instant $t+\Delta t$

Champ 2D de vecteurs
de déplacement

Figure 4.7 – *Exemple de traitement d'images par PIV du jet d'air*
(Champs de 25x20 mm², temps d'exposition = 50 μs, Δt =250 μs)

Afin d'avoir des informations sur les propriétés et les caractéristiques de la zone
du jet étudiée, nous procédons à un traitement statistique d'une série de
séquences d'images acquises et enregistrées dans les mêmes conditions (U_0 =
1,04 m/s, temps d'exposition = *50 μs*, temps d'inter-exposition = *250 μs*, champ
de *25 x 20 mm²*…).
A partir des images obtenues, nous récupérons une série de *140* champs de
vecteurs déplacement. Le champ moyen de vecteur déplacement et représenté
sur la *Figure 4.8*.

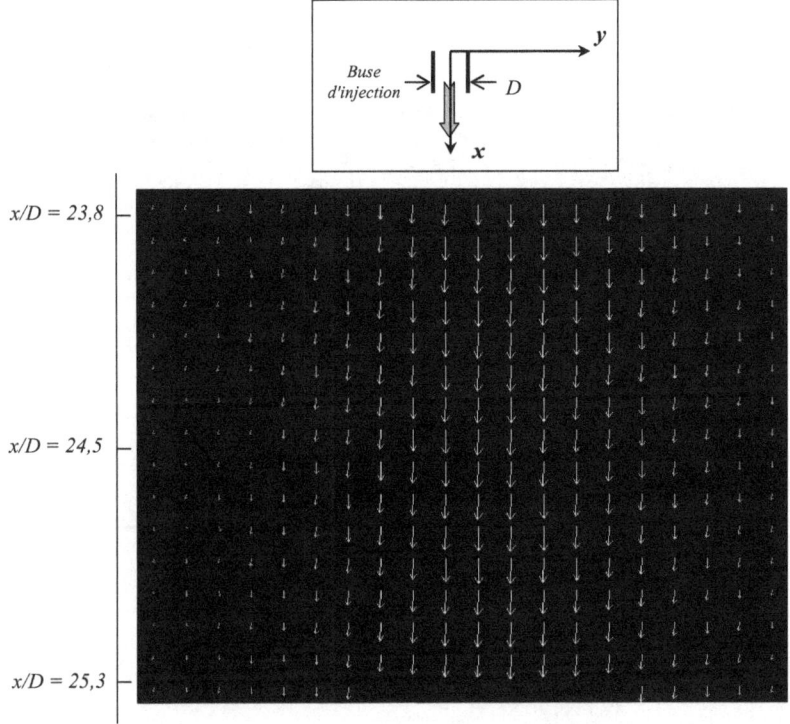

Figure 4.8 – *Champ moyen de vecteurs déplacement (jet d'air, Re = 830)*

Sur la *Figure 4.9*, nous représentons l'évolution de la vitesse moyenne dans trois sections différentes du jet (*x/D = 23,8, 24,5* et *25,3*). Cette vitesse moyenne présente une allure gaussienne qui atteint son maximum sur l'axe du jet. La vitesse diminue et elle atteint des valeurs faibles tout en s'éloignant de l'axe du jet, les profils s'aplatissent à fur et à mesure que *y* croit. Il est à noter que sur les images de PIV acquises, nous remarquons un mouvement latéral de l'écoulement par rapport à l'axe du jet. Ceci peut expliquer le léger écart de vitesse au centre du jet mesurée par PIV et la vitesse à l'injection mesurée par LDA.

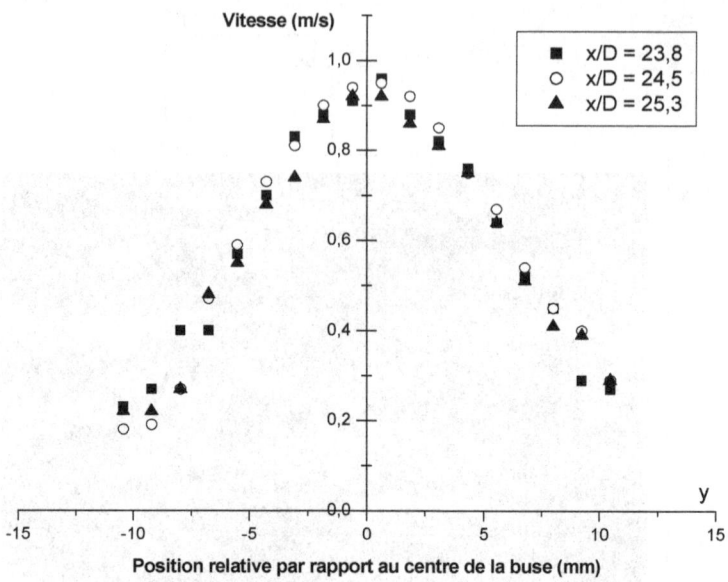

Figure 4.9 *– Evolution radiale de la vitesse moyenne*
en différentes sections du jet d'air (Re = 830)

4.1.2.3 Etude de l'entraînement à l'extérieur du jet

Nous nous sommes particulièrement intéressés à l'analyse de l'écoulement entraîné par le jet d'air et la zone de raccordement du milieu extérieur avec la frontière du jet. Sur la *Figure 4.10*, le phénomène de l'entraînement est mis en évidence. Les deux images sont prises de deux séquences enregistrées à des instants différents, à des grossissements identiques et à temps d'exposition différents. Elles sont positionnées par rapport à la sortie de la buse (*Tableau 4.2*). Nous avons présenté sur la même figure l'image de la zone interne du jet en vue d'analyser par PIV la zone de mélange et de raccordement du jet avec le milieu extérieur. Une visualisation quantitative de ce phénomène est donnée par la cartographie des vitesses mesurées par la technique PIV. Cette cartographie est présentée sur la *Figure 4.11*.

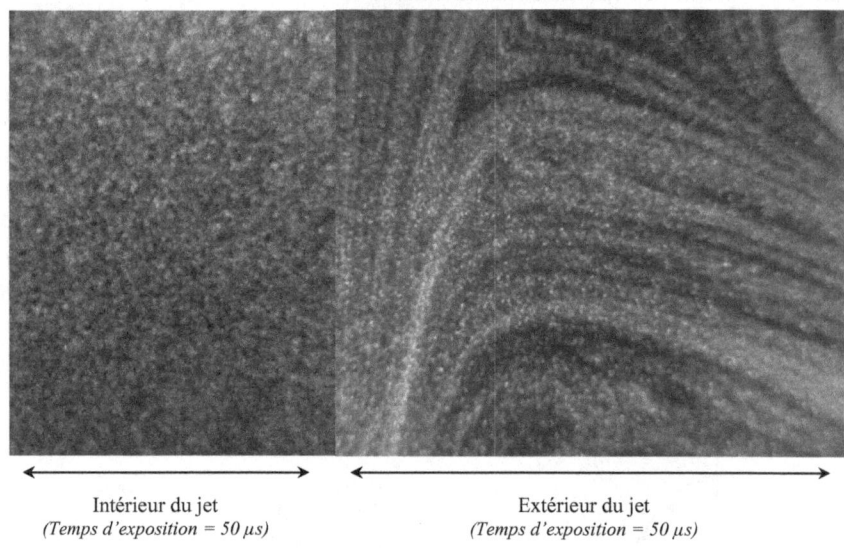

Intérieur du jet
(Temps d'exposition = 50 μs)

Extérieur du jet
(Temps d'exposition = 50 μs)

Figure 4.10 – *Tomographie laser à l'intérieur*
et à l'extérieur du jet pour Re = 830

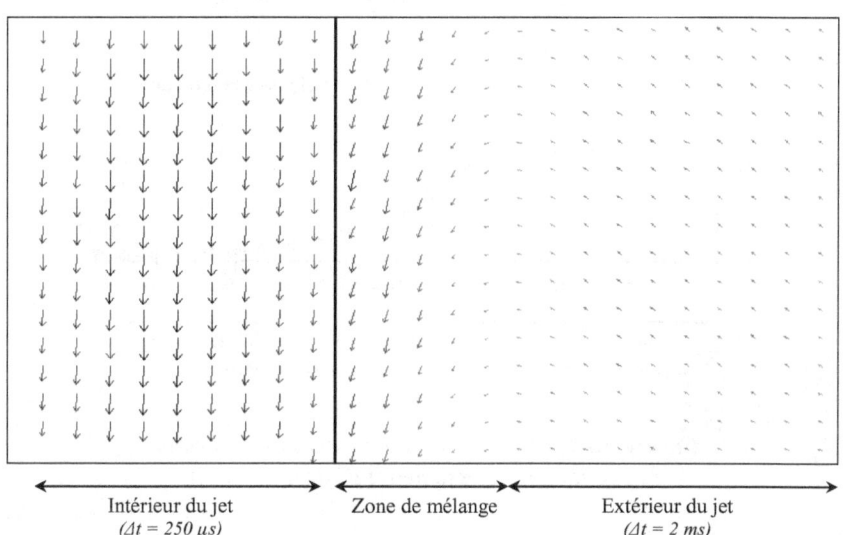

Intérieur du jet
(Δt = 250 μs)

Zone de mélange

Extérieur du jet
(Δt = 2 ms)

Figure 4.11 – *Cartographie de la vitesse à*

4.1.2.4 Validation expérimentale-numérique

Dans cette partie, nous comparons entre les résultats obtenus par la méthode expérimentale basée sur la technique de PIV et les résultats du code de calcul numérique déjà développé (*Chapitre 2*). Pour le même nombre de Reynolds (*Re = 830*) et pour un profil initial d'émission uniforme, nous avons choisi un profil expérimental à une hauteur *x/D = 24,5*. La comparaison montre que la vitesse adimensionnelle longitudinale mesurée par PIV vérifie de manière convenable celle calculée numériquement (*Figure 4.12*). A l'extérieur du jet, nous disposons de plus de points de mesures grâce aux images faites dans la zone d'entraînement.

Sur cette figure, Y^* correspond à l'ordonnée transversale pour laquelle $U = Uc/2$.

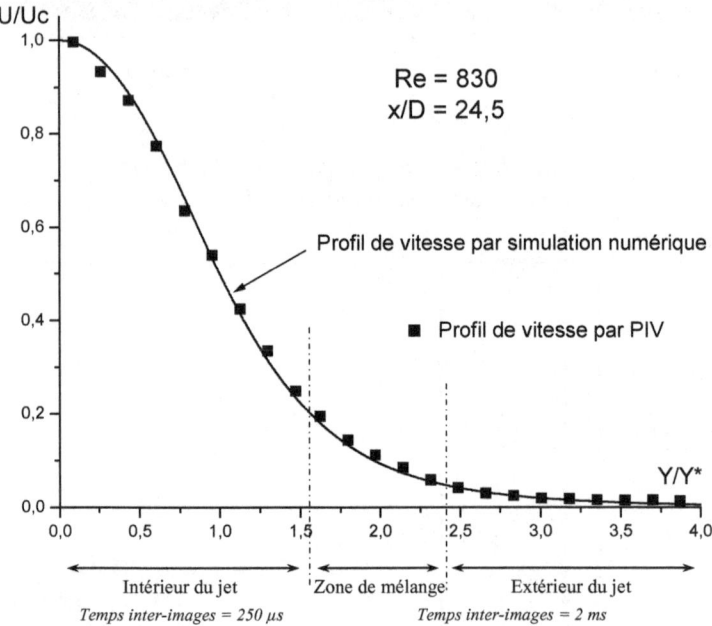

Figure 4.12 - *Validation expérimentale-numérique du profil de la vitesse du jet d'air (Re = 830)*

4.2 Etude des instabilités

4.2.1 Revue bibliographique

La plupart des travaux expérimentaux sur les jets traitent des nombres de Reynolds élevés et ainsi ils sont concernés par la turbulence. L'étude d'un jet laminaire n'est pas facile en raison de la sensibilité extrême de ces jets aux petites perturbations qui mènent aux instabilités qui produisent la turbulence [Batchelor 1962, Crow 1971, Cohen 1987, Mollendorf 1973a, Ben Aissia 2000a]. Ces instabilités peuvent prendre différents aspects selon la nature d'écoulement et les conditions expérimentales. La connaissance des critères de la transition est importante aussi bien d'un point de vue fondamental que par les applications. Les frontières d'un jet dans la phase de transition sont instables, et une définition appropriée des paramètres régissant la transition à la turbulence n'est pas évidente.

L'étude de la vaste littérature consacrée aux instabilités du jet axisymétrique prouve que les mécanismes de transition, le choix des modes instables selon le nombre de Reynolds, aussi bien que la détermination de l'étendue de la zone laminaire, demeurent encore des sujets ouverts. L'étude du comportement de l'écoulement dans cette zone est importante pour la compréhension du jet entier. En effet, c'est dans la zone de transition que les instabilités dans la couche de mélange se développent et produisent des structures tourbillonnaires pas facilement prévisibles par la théorie pour des bas nombres de Reynolds. C'est une des raisons pour lesquelles la majorité des analyses théoriques traitent la cas turbulent dans la zone de proche sortie du jet [Danaila 1997].

L'avantage d'une longue région laminaire doit mettre en évidence l'évolution des instabilités. Il est important d'obtenir des bonnes données expérimentales pour la validation des simulations récentes [Hinze 1975, Ben Aissia 2002] qui semblent donner des résultats au moins qualitativement corrects. Relativement, peu d'expériences sont présentes dans la littérature dans ce cas-ci [Becker 1968, Crow 1971].

Le mode d'instabilité sinueux a été observé dans quelques études expérimentales. Les premiers travaux de Reynolds [Reynolds 1962] dans le cas d'un jet d'eau submergé dans un large réservoir montrent l'existence des ondulations sinusoïdales à une longueur d'onde élevée qui domine l'écoulement pour des nombres de Reynolds compris entre *150* et *300*. Becker et Massaro [Becker 1968] ont pu observer, pour $Re = 1690$, une ondulation sinusoïdale à une distance de la sortie de la buse approximativement égale à *5* fois le diamètre.

Crow et Champagne [Crow 1971] décrivent d'une façon qualitative sans présenter des visualisations, le passage du mode sinueux aux modes intermédiaires ayant la forme du tire-bouchon puis du vilebrequin, et finalement au mode variqueux, quand le nombre de Reynolds change de *100* à *1000*.

Il découle de cette étude bibliographique que l'évolution de la forme du jet du mode sinueux au mode variqueux, dépend non seulement du nombre de Reynolds, mais également du dispositif expérimental et du milieu environnant le jet.

Dans la littérature, la majorité des études analytiques, numériques et expérimentales dans le cas d'un jet axisymétrique, considèrent que des nombres de Reynolds supérieurs à *300* [Mattigly 1974] sont assez suffisants pour que les effets non visqueux règnent sur les effets visqueux. Des instabilités primaires dans ce cas sont caractérisées par les ondes de Kelvin-Helmholtz. Autrement, dans la majorité des études expérimentales, la dynamique spatiale du jet est dominée dans une large gamme de nombres de Reynolds, par la présence des structures tourbillonnaires axisymétriques dans la zone de cisaillement, et qui sont advectées en aval.

Cette zone s'épaissit en aval de la buse jusqu'à fusionner dans le centre du jet pour détruire cette axisymétrie et pour passer au régime turbulent. La formation de ces tourbillons est due aux instabilités de Kelvin-Helmholtz qui caractérisent en fait la déstabilisation de l'écoulement.

A notre connaissance, dans le cas d'un jet laminaire axisymétrique libre évoluant naturellement, on ne dispose pas de résultats de visualisation sur le mécanisme de formation des instabilités de Kelvin-Helmholtz à partir de l'un ou l'autre des modes d'instabilité les plus amplifiés (sinueux ou variqueux), ni sur les tourbillons antisymétriques, ni sur les scénarios de leurs grossissements.

Nous proposons dans notre travail de mettre en œuvre des moyens expérimentaux adaptées à l'étude fine des instabilités dans la zone de transition turbulente d'un jet axisymétrique à faible nombre de Reynolds, et d'apporter des informations aussi bien d'une manière qualitative que quantitative, sur la formation des instabilités de Kelvin-Helmholtz.

4.2.2 Expérimentation

Le but de cette étude expérimentale est d'analyser par tomographie laser les instabilités dans la zone de transition d'un écoulement de type jet. Ces expériences ont été réalisées sur le dispositif du jet d'air (*Chapitre 3, § 3.3*).

Le système d'enregistrement est constitué d'une caméra et d'un micro-ordinateur. Trois types de caméras CCD ont été utilisées (*Chapitre 3, § 3.4*) :

⇨ la caméra JVC entrelacée, de résolution *756x576* pixels et fonctionnant à *25* images par seconde,

⇨ la caméra Pulnix TM 6703 pouvant fonctionner à une fréquence d'acquisition de *220* images par seconde pour une résolution partielle de *640x100* pixels,

⇨ la caméra Pulnix TM 1300 qui possède un capteur à *1300x1030* pixels carrés de très haute résolution et réalisant *12* images par seconde.

L'image monochrome numérique, est acheminée vers le micro-ordinateur où elle est empilée directement en RAM. L'ensemble des images d'une séquence est ensuite conservé sur le disque dur pour exploitation.

Les mesures ont été effectuées pour une série de nombres de Reynolds. La vitesse du jet à la sortie de la buse est mesurée par un système d'Anémométrie Laser à effet Doppler (LDA).

4.2.3 Visualisation par tomographie laser du jet

Les images de la visualisation à bas nombres de Reynolds montrent que le jet peut être divisé en trois zones : une zone laminaire, une zone de transition et une zone de turbulence ou de chaos. La zone de transition est caractérisée par des instabilités pour lesquelles le mode le plus amplifié dépend du nombre de Reynolds basé sur le diamètre de la buse de sortie et la vitesse de l'injection. En effet, dans cette zone, la morphologie du jet visualisée pour un nombre de Reynolds de *830* est totalement différente de celle pour un Reynolds de *1800*. Sur la *Figure 4.13*, nous présentons quelques visualisations expérimentales du jet prises et enregistrées pour différents nombres de Reynolds. Sur ces images, nous remarquons que les premières instabilités qui apparaissent sont le mode sinueux ou (et) le mode variqueux suivis par des instabilités de Kelvin-Helmholtz (K-H) symétriques ou antisymétriques.

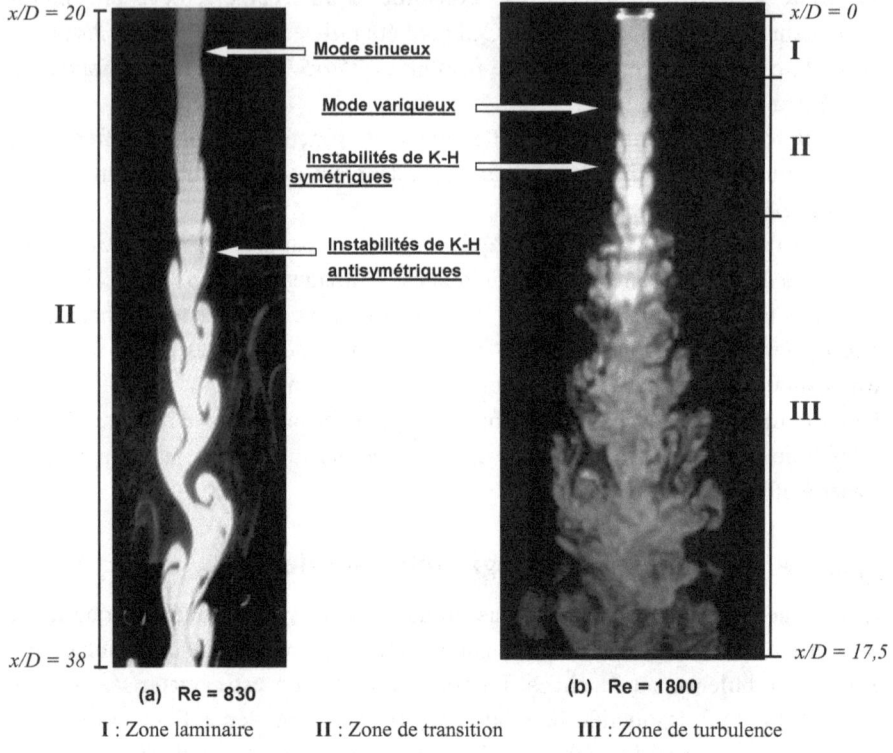

I : Zone laminaire   II : Zone de transition   III : Zone de turbulence

Figure 4.13 – *Visualisation expérimentale des zones caractéristiques du jet*

Pour des bas nombres de Reynolds, le jet présente une longueur laminaire importante pouvant atteindre *x/D = 17,5* pour *Re = 830* et *x/D = 34* pour *Re = 586*. Les images de la *Figure 4.14* présentent la section laminaire du jet évoluant d'une manière naturelle. La visualisation par tomographie laser d'une séquence d'environ *150* images montre la conservation de cet état laminaire. On note aussi que l'expansion du jet est plus importante pour les faibles nombres de Reynolds, ce qui est en bon accord avec les prédictions théoriques [Ben Aissia 2000b, Ben Aissia 2002]. Dans ce contexte, il est à signaler que la majorité des études précédentes traite la zone de transition avec des longueurs laminaires réduites [Zaman 1980, Dimotakis 1983].

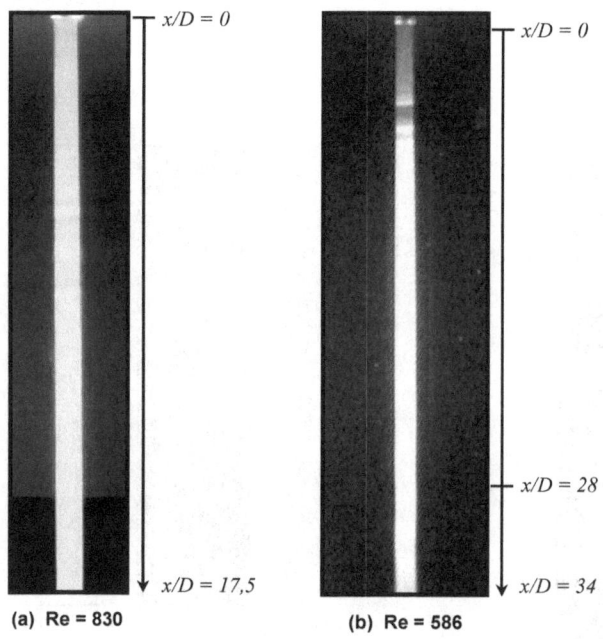

Figure 4.14 – *Visualisation expérimentale de la zone laminaire du jet*

La suite de notre étude expérimentale sera consacrée essentiellement au développement des instabilités de Kelvin-Helmholtz (K-H) en étudiant les deux cas suivants :
❖ Le mode sinueux suivi d'instabilités de K-H antisymétriques,
❖ Le mode variqueux suivi d'instabilités de K-H symétriques.

4.2.4 Mode sinueux – Instabilités de K-H antisymétriques

Dans un premier temps, nous avons basé notre étude sur le développement du mode sinueux. Ce mode apparaît, dans le cas d'un nombre de Reynolds égal à *830*, à une distance *x/D* voisine de *20*. La première étape consiste alors à localiser la zone sinueuse et l'extraire de l'image acquise. La partie extraite présente deux frontières antisymétriques en forme sinusoïdale (*Figure 4.15*). Chaque frontière présente des parties convexes (crêtes) et des parties concaves (creux). Sur cette figure, la détection des frontières est réalisée par filtrage par gradient de Sobel sur l'image extraite.

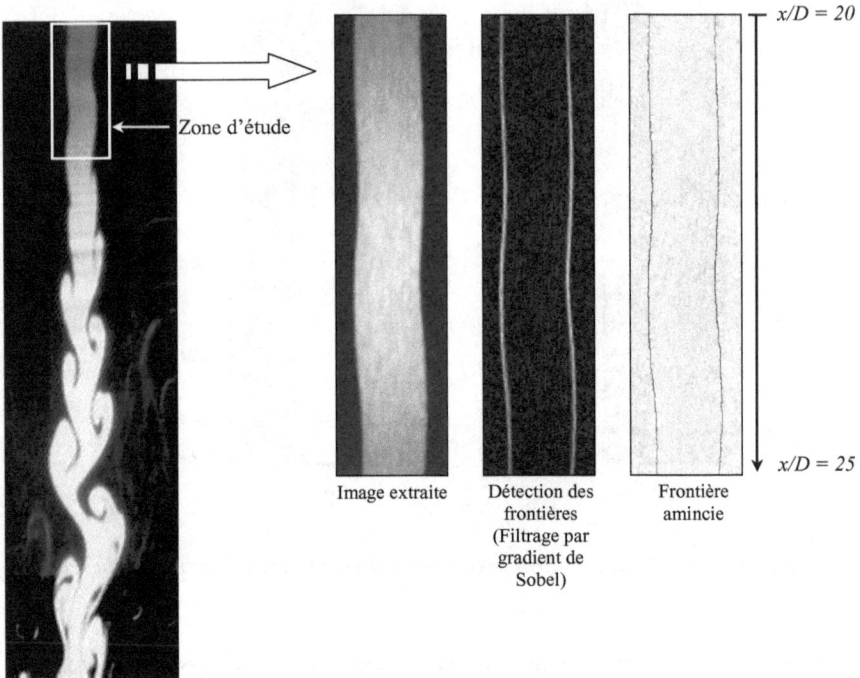

Zone d'étude

x/D = 20

x/D = 25

Image extraite | Détection des frontières (Filtrage par gradient de Sobel) | Frontière amincie

Figure 4.15 – *Mise en évidence du mode sinueux*

Sur la *Figure 4.16*, on présente un exemple d'une séquence de trois images successives extraites de la zone sinueuse du jet et qui peuvent être traitées afin d'en extraire les lignes frontières du jet. Ces images sont réalisées par la caméra JVC, fonctionnant à une fréquence de *50* images par seconde. L'image d'origine est entrelacée, une opération de séparation des trames paires et impaires est alors nécessaire. Ce qui donne un temps inter-images égal à *20 ms* et une résolution des images de *756x288* pixels. Une opération d'anamorphose permet alors de remonter à la taille initiale des images (*756x576* pixels).

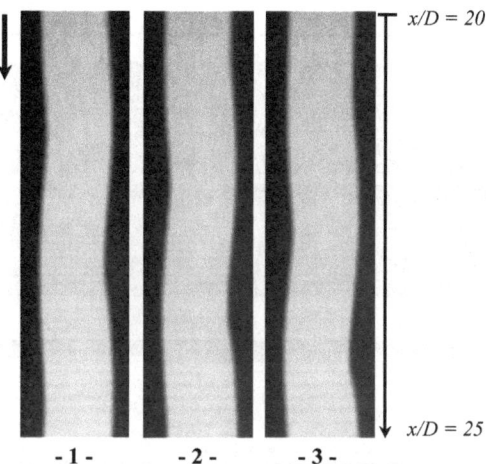

x/D = 20

x/D = 25

- 1 -   - 2 -   - 3 -

Figure 4.16 – *Séquence d'images extraites dans la partie sinueuse du jet*
(Re = 830, Δt = 20 ms)

Sur la *Figure 4.17*, nous présentons les étapes de traitement d'images permettant d'obtenir les profils de la ligne frontière du jet.

La procédure de traitement commence par un seuillage des images afin de rendre plus nettes les frontières (passage d'image en niveau de gris -*0* à *255*- en image binaire -*0* à *1*-). Ensuite, il faut séparer la frontière basse de celle du haut. Pour cela, une technique dite de remplissage est utilisée : elle remplace un pixel de valeur *0* (noir) par un pixel de valeur *1* (blanc) tant qu'aucune frontière ne vienne arrêter le remplissage. Deux remplissages haut et bas sont nécessaires pour éliminer respectivement la frontière basse puis la frontière haute.

On extrait le profil de chacune des frontières en ajoutant algébriquement la valeur de tous les pixels sur chaque colonne. On obtient ainsi des courbes donnant l'allure de chaque frontière.

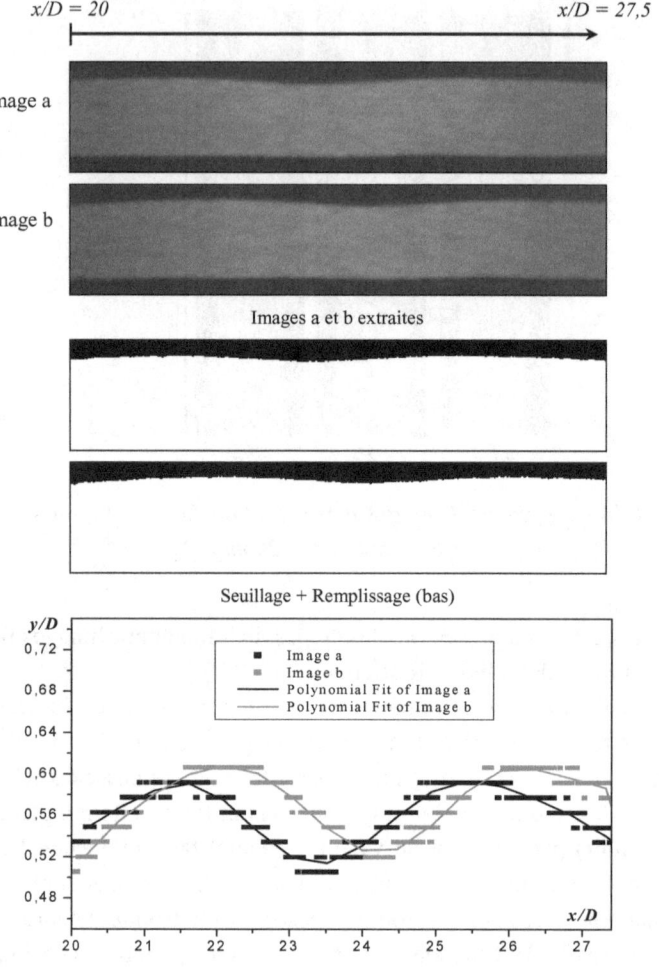

Figure 4.17 – Profils de la ligne frontière de deux images successives du jet

Cette même procédure refaite sur plusieurs séquences d'images permet de calculer des moyennes statistiquement valables (nombre d'images supérieur à *100*) concernant la longueur d'onde et les vitesses de déplacement sur la frontière du jet.

Les résultats prélevés des profils obtenus sont donnés dans le tableau suivant :

	Vitesse moyenne		Longueur d'onde moyenne	
	U	U/U_0	λ	λ/D
Crête	0,42 m/s	0,40	54 mm	4,35
Creux	0,50 m/s	0,48		
Moyenne	0,46 m/s	0,44		

Tableau 4.3 – *Paramètres caractéristiques du mode sinueux (Re = 830)*

L'analyse de ces résultats montre que les parties convexes (crêtes) et les parties concaves (creux) ne défilent pas à la même vitesse. En effet, les creux se déplacent plus rapidement que les crêtes avec un écart de vitesse moyen de l'ordre de $\Delta U/U_0 = 0,08$ (correspondant à un déplacement d'une dizaine de pixels sur les images). L'ordre de grandeur de la précision sur une mesure est de *0,02 m/s*. Cette précision est obtenue en estimant un écart de *1* pixel sur la mesure des déplacements.

Il est à signaler que le mode sinueux, qui est de type externe, est caractérisé alternativement par des zones de dépression (creux) et des zones de surpression (ventre) disposées de manière symétrique par rapport à l'axe du jet. La vitesse globale $\vec{V}g$ de l'écoulement sur la ligne frontière présente deux composantes : celle longitudinale correspondant au cas de l'écoulement moyen (non perturbé), et celle transversale qui n'est d'autre que celle correspondant à l'amplification du mode d'instabilité sinueux.

L'écart de vitesse longitudinale entre creux et crête confirme en fait l'hypothèse d'instabilité non-visqueuse dans l'analyse linéaire de stabilité des jets. En effet, l'hypothèse qui consiste à négliger la viscosité dans la couche de mélange nous permet d'utiliser l'équation de conservation de l'énergie mécanique totale le long de la ligne frontière, et puisque la pression P_1 dans la partie convexe de cette frontière est supérieure à celle dans la partie concave, il en résulte donc un écart de vitesse entre la partie convexe et la zone concave du mode sinueux (*Figure 4.18*).

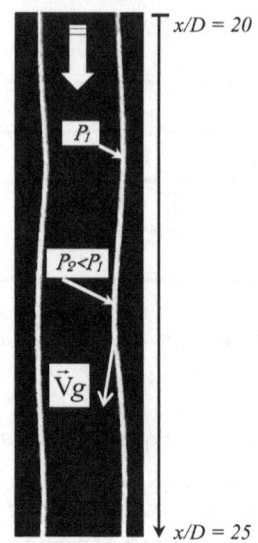

Figure 4.18 – Ligne frontière du jet (Re = 830)

Nous présentons, sur la *Figure 4.19*, une séquence d'images successives permettant de suivre, à la fréquence de *50 Hz*, le mécanisme de formation des instabilités de Kelvin-Helmholtz. Sur ces images, la crête du mode d'instabilité, en contact avec le fluide ambiant au repos, ralentit puis se rabat dans le creux voisin en amont. Ce phénomène de rabattement est dû en fait à cet écart de la vitesse de phase (écart moyen mesuré de l'ordre de *0,08 m.s⁻¹*). En effet, dans ces conditions la distance entre crête et creux se réduit, et il en résulte ainsi la formation d'un anneau tourbillonnaire convecté en aval de la buse d'injection.

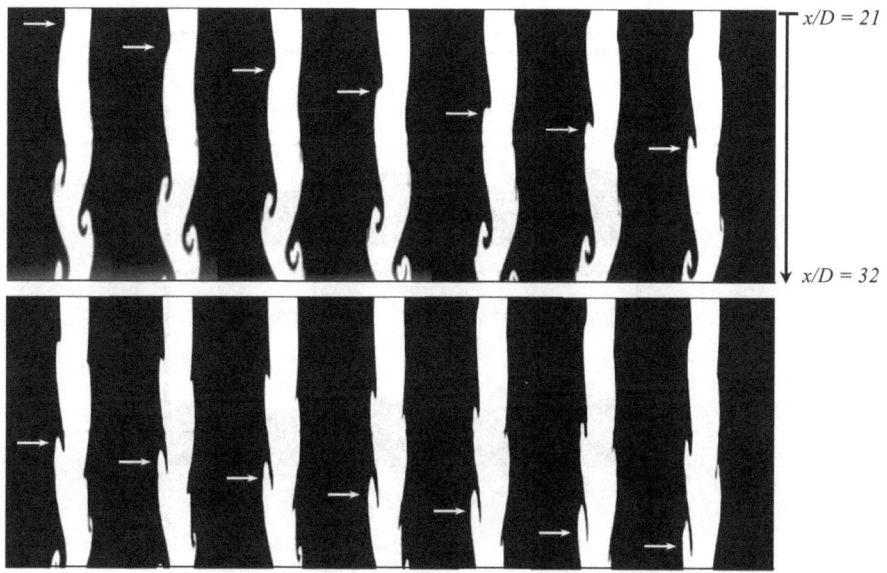

$x/D = 21$

$x/D = 32$

Figure 4.19 – *Mécanisme de formation des instabilités*
de Kelvin-Helmholtz antisymétriques

Sur la *Figure 4.20*, nous présentons un exemple de calcul par analyse d'images, de la vitesse de convection (ou vitesse de phase) des tourbillons de Kelvin-Helmholtz. Cette vitesse mesurée sur des séquences d'images est de l'ordre de *0,5 m.s⁻¹*. Comparée à la vitesse d'injection, elle est approximativement égale à la moitié ($V_\varphi = 0,5\ U_0$). Ceci est en bon accord avec les résultats de calcul théoriques utilisant l'analyse linéaire de la stabilité (cas des instabilités non visqueuses) [Crow 1971]. Par ailleurs, ce phénomène d'advection des tourbillons trouve une formulation mathématique sous la forme du concept de l'instabilité convective-absolue développée par Heurre [Heurre 2000]. Les résultats de tomographie obtenus nous ont permis de vérifier la nature convective de la couche de mélange (ou de cisaillement) puisque l'instabilité est convectée vers l'aval par l'écoulement moyen.

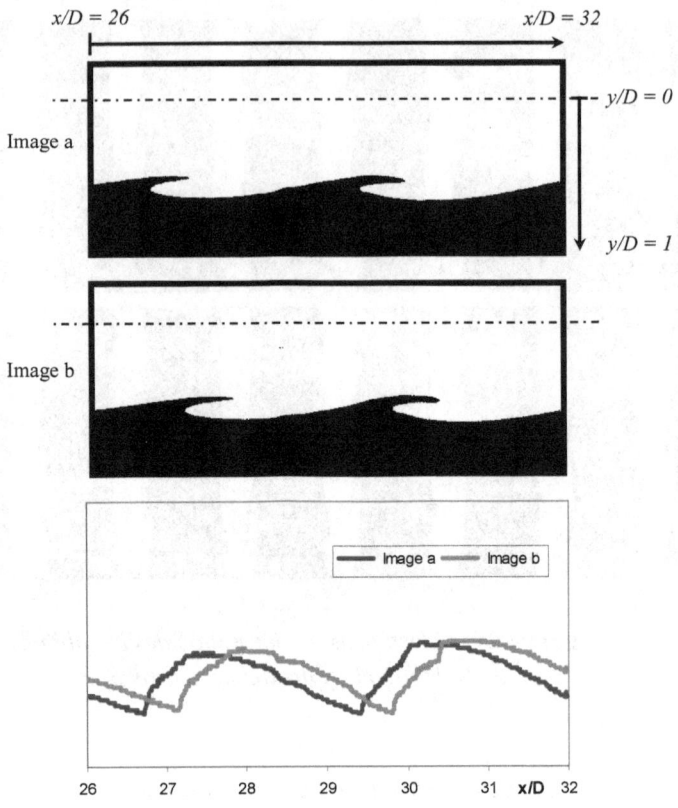

Figure 4.20 – *Advection des instabilités*
de Kelvin-Helmholtz antisymétriques

4.2.5 Mode variqueux – Instabilités de K-H symétriques

Dans la deuxième partie de notre étude du jet d'air, nous étudierons le second mode d'instabilité à savoir le mode variqueux ainsi que les instabilités de Kelvin-Helmholtz qui se développent en aval. Dans nos conditions expérimentales, ce type d'instabilité apparaît pour des nombres de Reynolds supérieurs à *1500*. Le mode variqueux est caractérisé par son axisymétrie de part et d'autre du jet comme le montre la *Figure 4.21* ci-dessous (images prises avec la caméra Pulnix TM 1300 de résolution *1300x1030* pixels, § *3.4.1*) :

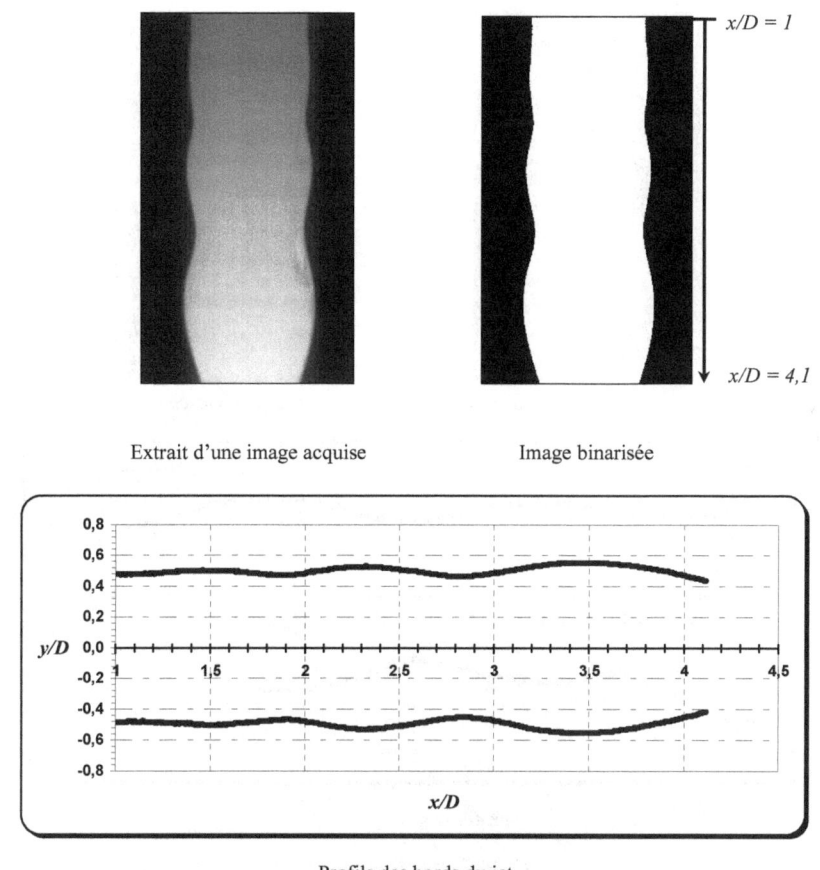

Extrait d'une image acquise   Image binarisée

Profils des bords du jet

Figure 4.21 *– Mise en évidence du mode variqueux axisymétrique (Re = 1500)*

Par ailleurs, pour des nombres de Reynolds inférieurs à *1500*, une dissymétrie des bords du jet peut être remarquée. Cette dissymétrie est très légère pour un nombre de Reynolds égal à *1400*. Elle est de l'ordre de *2* à *3 mm* l'équivalent d'une dizaine de pixels sur les images (*Figure 4.22*).

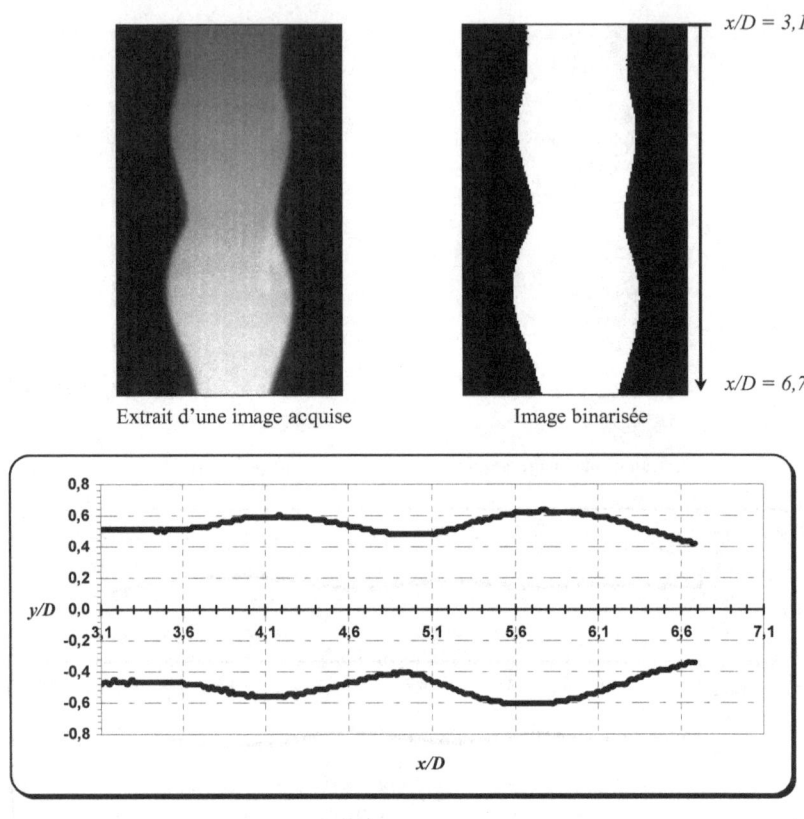

Profils des bords du jet

Figure 4.22 – *Détection des frontières du jet légèrement antisymétriques*
(Re = 1400)

Cette partie de la zone de transition est déterminante dans la caractérisation du type d'instabilités de Kelvin-Helmholtz qui se développeront en aval : Si dans cette zone le mode est symétrique (variqueux), les instabilités de Kelvin-Helmholtz présenteront une symétrie de part et d'autre du jet. Alors que si une dissymétrie apparaît dans cette zone, les instabilités de Kelvin-Helmholtz seront antisymétriques (*Figure 4.23*). Sur ces deux figures, la détection des contours est réalisée par filtrage par gradient de Sobel.

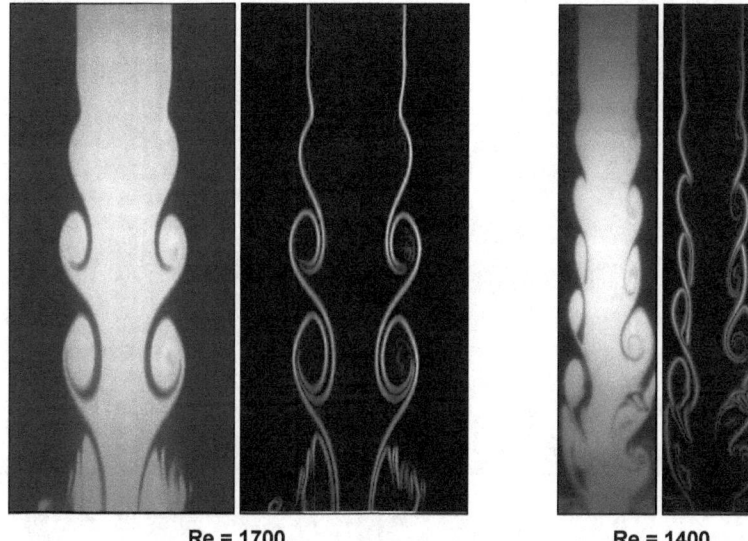

Re = 1700   Re = 1400

Figure 4.23 – *Visualisation expérimentale du jet*
pour deux nombres de Reynolds

L'utilisation de la caméra Pulnix TM 6703 (*§ 3.4.1*) avec sa haute fréquence d'acquisition (*220* images par seconde pour une résolution de *640x100* pixels), nous a permis de suivre l'évolution temporelle des instabilités de Kelvin-Helmholtz symétriques. Nous présentons sur la *Figure 4.24*, une séquence d'images successives acquises pour un nombre de Reynolds *Re = 1700*.

Le suivi sur ces images d'une structure ou "motif" depuis son apparition, montre que ce dernier prend naissance sous forme d'une crête dans la partie variqueuse du jet (à $x/D \approx 1,3$ pour *Re = 1700*). Tout en se déplaçant dans le sens de l'écoulement, ce motif, en contact avec le fluide ambiant, est creusé par le creux juste en amont. Ce qui crée un enroulement aboutissant à une structure tourbillonnaire qui commence alors à se former et s'agrandir au cours du temps. Plus en aval, la structure se détache du reste du jet et fusionne dans d'autres structures pour détruire l'axisymétrie de l'écoulement et passer au régime turbulent.

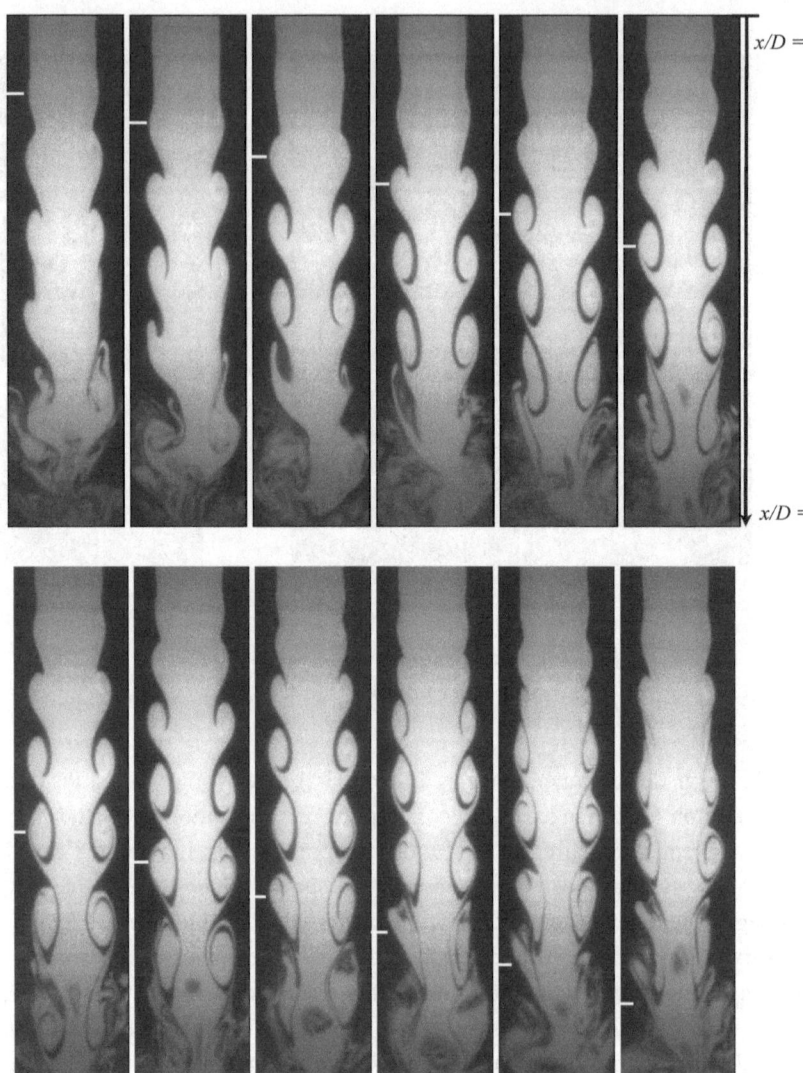

x/D = 0,15

x/D = 7,7

Figure 4.24 – *Evolution temporelle des instabilités de Kelvin-Helmholtz*
(Re = 1700, Δt = 4,54 ms)

Nous remarquons aussi, dans certains cas, que deux motifs successifs peuvent se rattraper au cours de leur convection sur le bord du jet et se mélangent à la fin de la zone de transition pour créer le désordre et par suite le passage à la turbulence.

La *Figure 4.25* illustre un exemple de séquence d'images sur lesquelles nous pouvons visualiser le parcours de deux motifs en fonction du temps.

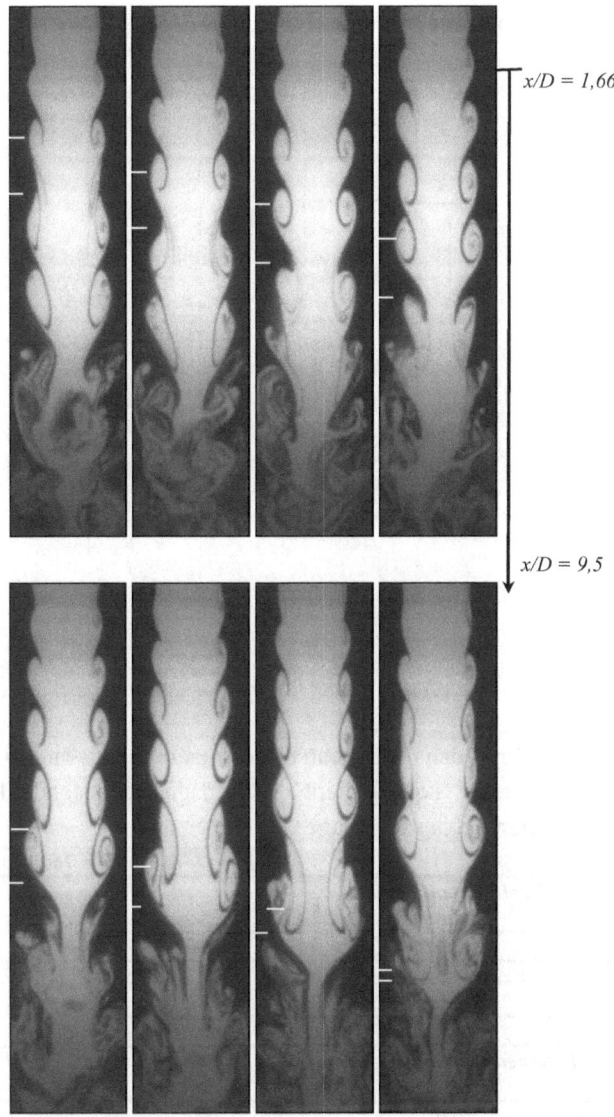

Figure 4.25 – *Suivi temporel de deux motifs (Re = 1600, Δt = 4,54 ms)*

Dans le cas où le mode d'instabilité est variqueux, nous avons étudié la vitesse de convection (ou de phase) et la longueur d'onde des tourbillons (instabilités de Kelvin-Helmholtz) pour trois nombres de Reynolds *Re = 1500, 1600* et *1700*. Les paramètres mesurés sont présentés sur la *Figure 4.26* :

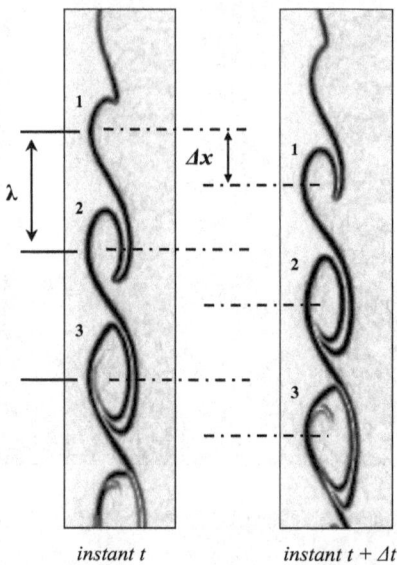

instant t   instant t + Δt

Figure 4.26 – *Grandeurs mesurées sur des séquences d'images successives*

Les résultats donnés dans le tableau ci-dessous représentent des moyennes sur *200* images successives qui défilent à *220* images par seconde. Elles sont mesurées directement sur les images.

	Re = 1500	Re = 1600	Re = 1700
Déplacement moyen Δx **(mm)**	5,54	5,74	6,41
$\Delta x/D$	0,44	0,46	0,51
Vitesse moyenne U **(m.s^{-1})**	1,22	1,26	1,41
U/U_0	0,65	0,63	0,66
Longueur d'onde moyenne λ **(mm)**	12,46	12,96	12,54
λ/D	1,00	1,05	1,01

Tableau 4.4 – *Paramètres caractéristiques des instabilités de Kelvin-Helmholtz symétriques*

D'après ces résultats, la vitesse de phase des instabilités de Kelvin-Helmholtz est de l'ordre de $U \approx 0,65$ U_0. Quant à la longueur d'onde moyenne, elle est estimée à $\lambda \approx D$. La fréquence d'apparition de l'instabilité est alors de *0,65*, c'est à dire qu'un nouveau tourbillon est formé à une période spatiale adimensionnalisée de *1,5*.

Par ailleurs, la tomographie laser du jet nous a permis de confirmer la nature convective de la couche de cisaillement puisque l'instabilité est convectée vers l'aval par l'écoulement moyen.

Afin de caractériser la qualité propulsive des instabilités de Kelvin-Helmholtz en fonction du temps, nous présentons, dans le *Tableau 4.5*, les nombres de Strouhal (*St*) calculés pour les différents nombres de Reynolds. Le nombre de Strouhal est défini selon l'équation suivante :

$$St = \frac{F \cdot D}{U_0}$$ (Eq. 4.1)

Où *F* est la fréquence de la variation périodique de l'écoulement définie par le rapport entre la vitesse de phase et la longueur d'onde.

Nombre de Reynolds	1500	1600	1700
Nombre de Strouhal	0,64	0,60	0,65

Tableau 4.5 – *Nombres de Strouhal dans le cas des instabilités de Kelvin-Helmholtz symétriques*

Sur la *Figure 4.27*, nous présentons une séquence d'images obtenue pour un nombre de Reynolds égal à *1300* et avec une fréquence d'acquisition égale à *220* images par seconde. Sur ces images, nous pouvons visualiser le mécanisme de formation des tourbillons à l'intérieur de la structure. On note aussi le phénomène de grossissement de la structure d'une image à une autre tout en s'éloignant de la sortie de la buse. En effet, les structures tourbillonnaires augmentent de taille par diffusion visqueuse, au fur et à mesure qu'elles sont convectées vers l'aval. Cette augmentation de la taille ralentit le mouvement de la structure, tandis que la structure en amont est relativement accélérée. Le mouvement relatif qui s'en suit va vers la fusion des deux structures tourbillonnaires.

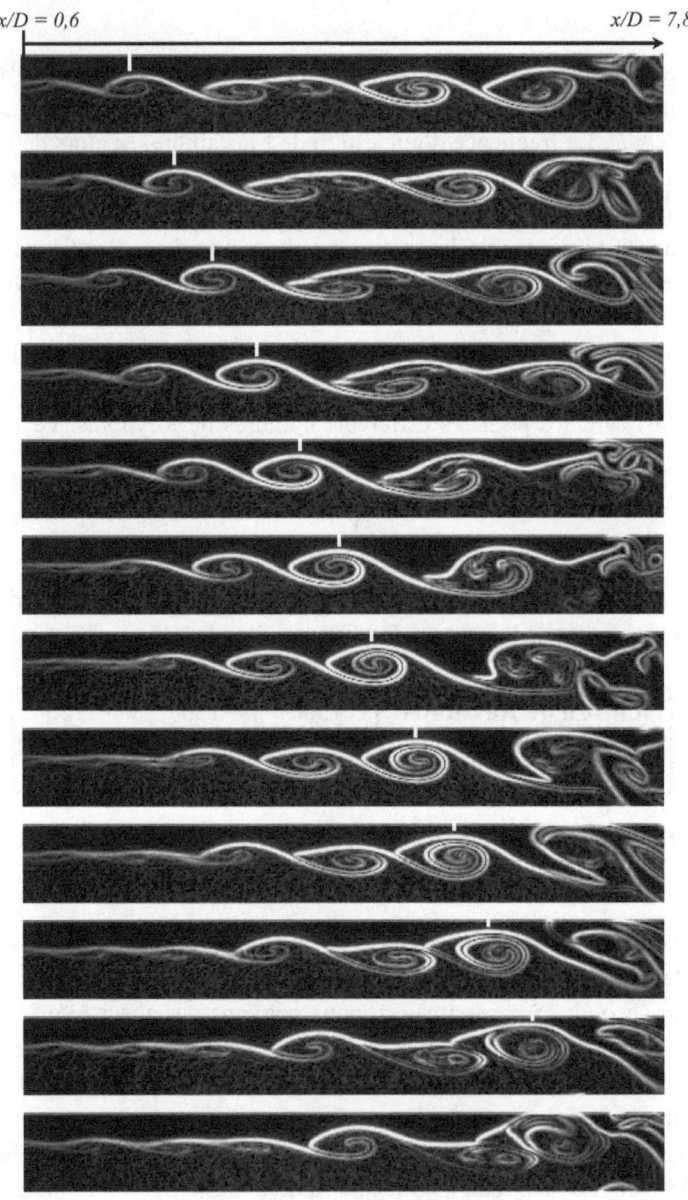

Figure 4.27 – *Evolution temporelle des structures tourbillonnaires*
(Re = 1300, Δt = 4,54 ms)

4.3   Problèmes de visualisation

La visualisation des écoulements par des particules a quelques inconvénients dus à la faible diffusivité apparente de ces particules. En effet, la taille des particules est de l'ordre de *1 μm* si elles avaient la forme sphérique (ce n'est le cas pour les particules de fumée d'encens). La diffusion de ces particules est due à leurs chocs avec les molécules du fluide en écoulement. Leur diffusivité apparente due donc au mouvement brownien, est de l'ordre de $Di = 3\ 10^{-11}\ m^2/s$ [Balint 1982]. Ceci conduit à un nombre de Schmidt $Sc = \dfrac{\nu}{Di}$ de l'ordre de *5 10⁵*.

Ces valeurs confirment que les particules diffusent beaucoup moins que les molécules du fluide. La diffusion des particules dans l'écoulement laminaire est due seulement à la vitesse radiale. Ainsi les particules ne s'écartent pas sur le jet entier, elles ne remplissent pas complètement la totalité du jet et par suite, le champ de concentration de particules est tout à fait différent du champ de vitesse. En *x/D = 24,5*, la largeur du champ de concentration est *0,6·D* tandis que la largeur du champ de vitesse basée sur le point où la vitesse est *10 %* de la vitesse sur l'axe est *1,25·D* (*Figure 4.28*). La diffusion du champ de concentration est compatible avec la vitesse radiale déterminée numériquement dans le cas d'un modèle laminaire. Ainsi les mouvements de la frontière visible correspondent aux mouvements de la partie interne dynamique du jet. Nous pensons cependant que les mouvements de ces particules sont caractéristiques de l'évolution des perturbations. Dans un écoulement turbulent pur, ce problème est enlevé parce que la diffusivité turbulente est beaucoup plus grande que la diffusivité apparente due au mouvement brownien.

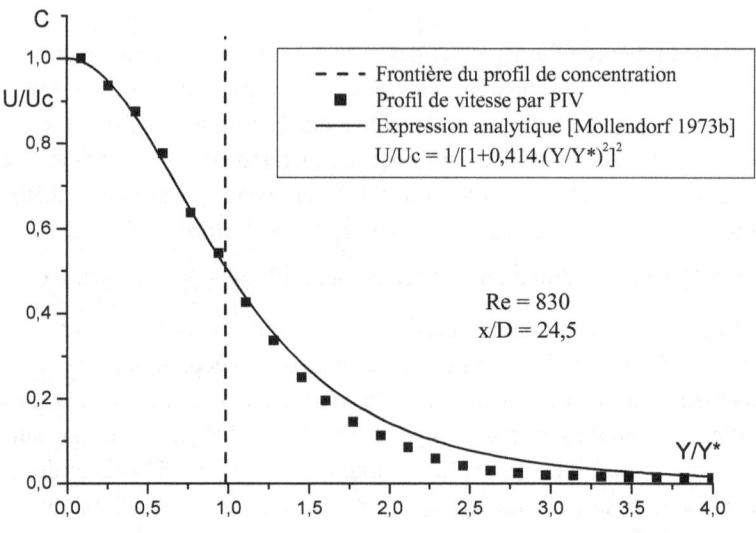

*Figure 4.28 – Profil transversal de la vitesse
et profil de la concentration en x/D = 24,5*

4.4 Conclusion

Dans la première partie expérimentale, la technique de mesure de vitesse par PIV a été appliquée sur les deux installations destinées à l'étude des écoulements de type jet. Les profils de vitesse obtenus par PIV sont en bon accord avec ceux obtenus par la simulation numérique.

Dans la deuxième partie de ce chapitre, la tomographie laser et les traitements d'images sont les deux principaux outils utilisés. La structure du jet ainsi que les deux modes d'instabilité sinueux et variqueux ont été étudiés. Nous avons pu faire des mesures de quelques paramètres caractéristiques des instabilités à partir des images acquises. L'évolution spatio-temporelle des structures et des instabilités de Kelvin-Helmholtz a été suivie en détails. Des phases du scénario de grossissement et de fusion des structures ont été mises en évidence comme dernière étape de la transition à la turbulence.

D'après ces visualisations, il nous semble que chaque structure ou motif qui apparaît sur la frontière du jet, a sa propre vie. Par ailleurs, la majorité des motifs prennent naissance sur les bords du jet et subissent presque le même avenir.

Références bibliographiques

[Balint 1982]   BALINT
                    Application d'une méthode de visualisation laser et de traitement
                    d'images à l'étude de la dispersion dans des écoulements turbulents
                    Thèse, Univ. Claude Bernard, Lyon 1, France, 1982

[Batchelor 1962]   BATCHELOR G. K. and GILL A. E.
                    Analysis of the stability of axisymmetric jets
                    J. Fluid Mech., vol. 14, pp. 529-551, 1962

[Becker 1968]   BECKER H. A. and MASSARO T. A.
                    Vortex evolution in a round jet
                    Journal of Fluid Mechanics, vol. 31, pp. 435-448, 1968

[Ben Aissia 2000a] BEN AISSIA H., ZAOUALI Y., JAY J., FOURNEL T. et GERVAIS P.
                    Etude expérimentale par visualisation et Anémométrie Laser d'un jet
                    axisymétrique
                    Les Annales Maghrébines de l'Ingénieur, vol. 14, n° 2, pp. 29-38, 2000

[Ben Aissia 2000b] BEN AISSIA H., ZAOUALI Y. et EL GOLLI S.
                    Analyse numérique des conditions d'émission sur un écoulement de type
                    jet circulaire en régime laminaire
                    Lebanese Science Journal, vol. 1, n° 2, pp. 91-101, 2000

[Ben Aissia 2002]   BEN AISSIA H., ZAOUALI Y. and EL GOLLI S.
                    Numerical study of the influence of dynamic and thermal exit conditions
                    on axisymmetric laminar buoyant jet
                    Numerical Heat Transfer: Applications, vol. 42, n° 4, pp. 427–444, 2002

[Cohen 1987]   COHEN J. and WIGNANSKY I.
                    The evolution of instabilities in the axisymmetric jet Part I. The linear
                    growth of disturbances near the nozzle
                    Journal of Fluid Mechanics, vol. 176, pp. 191, 1987

[Crow 1971]   CROW S. C. and CHAMPAGNE F. H.
                    Orderly structure in jet turbulence
                    Journal of Fluid Mechanics, vol. 48, pp. 547-591, 1971

[Danaila 1997]   DANAILA I.
                    Etude des instabilités et des structures cohérentes dans la zone de proche
                    sortie d'un jet axisymétrique
                    Thèse de doctorat, Univ. de la Méditerranée Aix-Marseille II, France,
                    1997

[Dimotakis 1983]   DIMOTAKIS P. E., MIAKE-LYE R. C. and PAPANTONIU D. A.
                    Structure and dynamics of round turbulent jets
                    Physics of Fluids, vol. 26, n° 11, pp. 3185, 1983

[Heurre 2000]   HEURRE P.
Open shear flow instabilities, perspectives in fluid dynamics
Cambridge university Press, United Kingdom, 2000

[Hinze 1975]   HINZE J. O.
Turbulence
2nd Edition, McGraw-Hill, New York, 1975

[Mattigly 1974]   MATTIGLY G. E. and CHANG C. C.
Unstable waves on a axisymmetric jet column
Journal of Fluid Mechanics, vol. 65, pp. 541, 1974

[Mollendorf 1973a] MOLLENDORF J. C. and GEBHART B.
An experimental and numerical study of the viscous stability of a round
laminar vertical jet with and without buoyancy for symmetric and
asymmetric disturbance
Journal of Fluid Mechanics, vol. 61, pp. 367, 1973

[Mollendorf 1973b] MOLLENDORF J. C. and GEBHART B.
Thermal buoyancy in round laminar vertical jets
International Journal of Heat and Mass Transfer, vol. 16, pp. 735 - 745,
1973

[Reynolds 1962]   REYNOLDS A. J.
Observation of a liquid-into-liquid jet
Journal of Fluid Mechanics, vol. 14, pp. 552-561, 1962

[Wima]   WIMA : Logiciel de traitement d'images

Groupe   "IMAGe",   Laboratoire   de   Traitement   du   Signal   et
Instrumentation, Université Jean-Monnet de Saint-Etienne
http://www.univ-st-etienne.fr/tsi/svemouv

[Zaman 1980]   ZAMAN K. B. M. Q. and HUSSAIN A. K. M. F.
Vortex pairing in a circular jet under controlled excitation
Journal of Fluid Mechanics, vol. 101, pp. 449-491, 1980

Chapitre 5

CONCLUSIONS ET PERSPECTIVES

L'objectif de ce travail était d'étudier un écoulement de type jet axisymétrique laminaire en développant un outil de simulation numérique ayant pour besoin de décrire le comportement hydrodynamique du jet, et d'étudier les instabilités de Kelvin-Helmholtz et la transition à la turbulence dans ce type d'écoulements en associant la visualisation des écoulements aux traitements d'images.

5.1 Stabilité hydrodynamique

Dans la première partie de notre travail, nous avons dressé un bilan des principaux types d'instabilités rencontrées dans l'industrie et la nature. Des exemples de mécanismes physiques d'instabilité et de scénarios de transition à la turbulence ont été présentés. Un intérêt particulier a été porté sur les instabilités dans le cas d'écoulements de type jet. Cette revue bibliographique a permis de montrer que tous les écoulements en mécanique des fluides sont le siège d'instabilités (internes ou provenant du milieu extérieur). La stabilité de l'écoulement a une limite, celle-ci peut être reliée aux valeurs critiques des paramètres sans dimensions (nombre de Reynolds, nombre de Rayleigh, nombre de Taylor…). Au delà de cette limite, les écoulements sont le siège de mouvements de grande échelle (état bien structuré) dans un premier temps. Cet état structuré dégénère vers un état chaotique désordonné lorsque le nombre sans dimension qui lui correspond augmente. C'est l'état turbulent. Le passage de l'un à l'autre est assez mal connu.

5.2 Etude numérique du jet

La deuxième partie du travail a été consacrée à l'étude numérique des jets ronds en régime laminaire. Avant de se lancer dans l'élaboration propre d'un modèle numérique, nous avons dressé un bilan de l'existant en matière de simulation numérique de l'étude des jets. Cette revue bibliographique a permis de montrer que les études antérieures ne font pas intervenir l'effet des conditions d'émission à la sortie de la buse d'injection sur le comportement hydrodynamique du jet. Nous avons donc opté pour une étude numérique d'un jet libre d'air débouchant d'une fente circulaire dans un milieu ambiant au repos, en considérant deux profils initiaux d'émission (uniforme et parabolique).

Nous avons ensuite modélisé l'ensemble du problème grâce aux équations de Navier-Stokes et à l'équation de la concentration. Certaines hypothèses ont été prises en compte afin de simplifier la résolution numérique.

En ce qui concerne la résolution numérique du système d'équations, nous avons utilisé une méthode aux différences finies à maillage décalé. Nous avons toutefois utilisé des pas de maillage faibles pour le calcul des champs de concentration afin de faire face à de nombreuses instabilités numériques. Les temps de calculs sont alors sensiblement plus longs. En revanche, des instabilités numériques apparaissent pour des nombres de Schmidt supérieurs à 10^4.

Les résultats du modèle hydrodynamique prouvent que les conditions initiales d'émission ont une influence significative sur le comportement du jet dans la zone d'injection. Toutefois, ces conditions d'émission sont généralement ignorées dans la zone d'écoulement établi, loin de la buse. Dans cette zone, le modèle numérique réagit de manière satisfaisante comparée aux résultats analytiques proposés dans la littérature. Par ailleurs, l'analyse de la zone d'affinité des profils de la vitesse réduite montre que cette zone débute à une distance $X_{affinité} = 0,116 \cdot Re$ pour un profil d'émission parabolique et $X_{affinité} = 0,205 \cdot Re$ dans le cas d'un profil initial uniforme.

Les résultats concernant les concentrations apparaissent également satisfaisantes dans le cas d'un profil initial uniforme. Par ailleurs, le modèle se comporte correctement lorsque nous jouons sur la variation du nombre de Schmidt ou sur le nombre de Reynolds.

A l'issu de ce travail, il sera utile de prolonger l'étude de la concentration dans le cas d'un jet anisotherme en testant l'influence de la température sur les paramètres hydrodynamiques et par suite sur la concentration du jet. Pour cela, il faudra introduire l'équation de l'énergie et une nouvelle équation de concentration tenant compte des aspects thermiques du problème.

D'un point de vue expérimental, il faudra également mettre en place un dispositif expérimental de mesure des concentrations permettant la validation du modèle.

Dans le futur, nous pensons que le modèle puisse être utilisé dans tout type de géométrie et de gaz utilisé. Certaines modifications devront alors être effectuées. Nous pensons également à introduire une perturbation artificielle au niveau du champ de vitesse pour déclencher l'instabilité, et ce dans le but de voir son effet sur le comportement aérodynamique du jet.

5.3 Etude expérimentale du jet

Nous nous sommes ensuite intéressés aux aspects expérimentaux du problème. Dans un premier temps, la vélocimétrie par images de particules (PIV) a été utilisée. Des enregistrements de PIV ont été effectués sur deux écoulements de type jet. Le premier est le jet d'eau du LTSI de Saint-Etienne, le second est le jet d'air de l'UMMFT de Monastir. L'étude expérimentale par PIV menée dans la zone de transition des jets, nous a fourni des cartes instantanées de vitesse. Des champs de vitesse ont été déduits de ces mesures.

Par ailleurs, les mesures expérimentales de la vitesse par PIV, qui ont été effectuées dans le jet d'air de Monastir se comparent bien avec celles déterminées par le modèle numérique dans des conditions similaires.

L'étude du comportement du jet dans la zone de transition, zone où les instabilités se développent, a fait l'objet de la deuxième partie expérimentale. Nos efforts se sont principalement dirigés vers la compréhension des mécanismes physiques qui gouvernent l'évolution du jet libre de l'état laminaire, à la transition puis jusqu'à l'état chaotique, voire l'état turbulent. Notre travail a comporté deux grands volets : la visualisation de l'écoulement par tomographie laser, et l'analyse des images acquises pour en extraire les informations. La visualisation nous a permis de montrer que :

✣ Il est possible d'obtenir une zone laminaire importante à condition d'isoler au maximum le jet de toutes perturbations externes. Dans nos conditions expérimentales, la longueur mesurée de la zone laminaire confirme la relation $L/D = 5 \cdot 10^6 \, Re^{-1,77}$ proposée par Ben Aissia [Ben Aissia 2000].

✣ Les premières instabilités qui apparaissent dans la zone de transition sont le mode sinueux ou (et) le mode variqueux suivi par des instabilités de Kelvin-Helmholtz symétriques ou antisymétriques.

✣ Le nombre de Reynolds semble être le paramètre décisif dans la sélection du mode d'instabilité, dans une plage restreinte de faibles nombres de Reynolds. En effet, la saturation des instabilités primaires conduit à des tourbillons axisymétriques si le mode conditionnel est variqueux (*Re > 1500*), et à des tourbillons non symétriques si le mode conditionnel est sinueux (*Re < 1000*). Ces tourbillons s'épaisissent par appariement au fur et à mesure qu'ils se déplacent vers l'aval jusqu'à fusionner au centre du jet provoquant ainsi la transition vers la turbulence.

⊕ Le passage du mode sinueux au mode variqueux se fait à travers des modes intermédiaires ayant la forme de tire-bouchon puis du vilebrequin [Crow 1971].

⊕ Les structures tourbillonnaires augmentent de taille par diffusion visqueuse, au fur et à mesure qu'elles sont convectées vers l'aval.

⊕ Avec des grandes fréquences d'acquisition d'images, il est possible de suivre l'évolution spatio-temporelle et le scénario de formation des instabilités de Kelvin-Helmholtz pour divers nombres de Reynolds.

L'analyse des images nous a permis de réaliser des mesures quantitatives concernant les fréquences et la vitesse de phase de ces instabilités. Dans ce contexte, des algorithmes de détections des frontières du jet ont été utilisés et qui ont permis de mesurer les paramètres caractéristiques du mode d'instabilité.

Dans le cas sinueux, obtenu pour *Re = 830*, les mesures ont montré qu'il existe un écart de vitesse de déplacement entre les parties concaves et convexes de la ligne frontière du jet. Cet écart constitue le début de la formation des anneaux tourbillonnaires, qui sont convectés en aval de la buse d'injection avec une vitesse de phase de l'ordre de la moitié de la vitesse d'injection. Ces résultats coincident convenablement avec ceux indiqués par la théorie temporelle de stabilité [Crow 1971].

Dans le cas variqueux (*Re = 1500, 1600* et *1700*), l'analyse des images successives nous a permis d'évaluer la vitesse de convection des instabilités de Kelvin-Helmholtz. Cette vitesse de convection est estimée à *65%* de la vitesse d'injection. La fréquence d'apparition de l'instabilité est *0,65*, c'est à dire qu'un nouveau tourbillon est formé à une période spatiale adimensionnalisée de *1,5*. Le nombre de Strouhal caractérisant la nature convective des instabilités de Kelvin-Helmholtz en fonction du temps est de l'ordre de *0,6*.

A l'issu de ce travail, nous disposons d'une grande quantité de données expérimentales. Ces données renferment encore un grand potentiel, tant par ce qui pourra encore en être extrait et l'interprétation qu'elles demandent, que par l'utilisation qui peut en être faite pour la validation de modèles théoriques ou numériques.

✠ Pour la visualisation des écoulements, le plan laser a été maintenu vertical durant toutes les expériences. Dans le futur, nous pensons qu'il sera utile d'ajouter un deuxième plan laser horizontal dans la zone d'étude du jet et par suite une deuxième caméra permettant le suivi spatio-temporel et simultané de l'évolution axiale et radiale du jet. Ceci pourra être fait par séparation des deux couleurs du faisceau laser incident. Ainsi, il est possible d'obtenir un champ de vitesse 3D en *x/D* correspondant à l'intersection entre les deux plans laser. Sur la *Figure 5.1*, nous présentons un exemple des visualisations expérimentales réalisées sur le jet d'air de Monastir avec un plan laser horizontal. La *Figure 5.2* présente des coupes transversales expérimentales dans le cas d'un jet rond évoluant avec un nombre de Reynolds *Re = 5500* [Liepmann 1992].

Figure 5.1 – *Visualisations expérimentales d'une coupe transversale du jet d'air (Re = 830, x/D ≈30)*

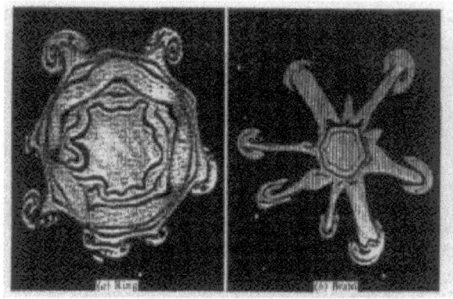

Figure 5.2 – *Visualisation des jets latéraux dans une coupe perpendiculaire à l'axe (Re = 5500)* [Liepmann 1992]

✠ Dans le même contexte, l'utilisation de deux caméras s'avère utile pour l'étude de l'écoulement à des nombres de Reynolds plus élevés. En effet, en provoquant un enregistrement d'images d'une caméra décalé temporellement par rapport à l'autre, des phénomènes rapides pourront alors être analysés.

Un système d'enregistrement à deux caméras offre également la possibilité de l'étude simultanée des champs à deux échelles spatiales. Une visualisation d'une zone à l'intérieur du jet et de l'entraînement à l'extérieur du jet sera alors possible (*Chapitre 4, § 4.1.2.3*) afin d'avoir des profils de vitesse incluant l'extérieur.

✠ A plus long terme, un système d'enregistrement à deux caméras offre la possibilité d'un montage stéréoscopique permettant la mesure de champ de vitesse 3D [Lee 2003].

✠ Dans le futur, il faudra également développer des algorithmes permettant la détection et le suivi des structures qui sont déformables et en mouvement afin de les appliquer dans l'étude des structures tourbillonnaires qui apparaissent de part et d'autre du jet. Il sera nécessaire aussi de trouver des moyens algorithmiques permettant la localisation de ces structures sur les images et la mesure de leur évolution morphologique en fonction du temps (*Figure 5.3*). Sur la frontière du jet obtenu par simple filtrage par gradient de Sobel par exemple, il faudra localiser les points caractéristiques des structures tourbillonnaires, tels que les points de courbure, les foyers des structures de forme elliptique, ...

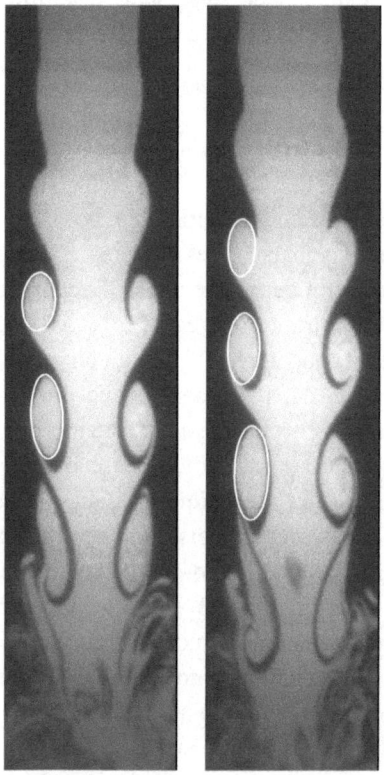

Figure 5.3 – Evolution des structures sur la ligne frontière du jet
(Re = 1700, Δt = 4,54 ms)

Cependant un problème de précision au niveau des mesures des déplacements des maximums et des minimums des structures tourbillonnaires dans le cas du mode variqueux nécessitera des moyens expérimentaux plus développés. En effet, la résolution spatiale des images que nous disposons est insuffisante pour localiser avec précision les points caractéristiques des tourbillons. Pour cela, il est nécessaire de conserver une bonne résolution spatiale tout en maintenant une fréquence temporelle suffisante. Dans ce contexte, deux hypothèses sont envisageables :

♦ Utilisation d'une caméra de très haute définition et cadence d'acquisition importante (*1000x1000* pixels avec *220* images par seconde par exemple).

♦ Utilisation de deux caméras de très haute résolution visualisant le même champ et enregistrant les images avec un décalage temporel (de l'ordre de quelques millisecondes).

5.4   Etalonnage des caméras

L'utilisation simultanée de deux caméras pour la visualisation des jets impose un étalonnage individuel de chacune des caméras et des matrices d'appariement entre les deux caméras. Cette deuxième phase d'appariement est plus complexe dans le cadre de la configuration stéréo-PIV (§ 5.3). L'obtention de champs tridimensionnels de vitesse par stéréo-PIV exige un modèle numérique décrivant la manière dont des objets dans l'espace à trois dimensions sont projetés sur l'image à deux dimensions enregistrée par chacune des caméras. L'utilisation d'un système stéréoscopique pour l'étude des écoulements en mécanique des fluides s'avère comme une technique essentielle afin de comprendre, caractériser et quantifier ces écoulements. Pour ces raisons, la fin du *Chapitre 3* a été consacrée à la technique de l'auto-étalonnage des caméras : processus qui permet d'estimer les paramètres d'un modèle de caméras en déterminant numériquement les transformations subies par un point de l'espace pour obtenir un point dans l'image. Cette technique nous permet ensuite d'estimer la position d'une caméra par rapport à l'autre par mise en correspondance des images acquises par les deux caméras. C'est ce qu'on appelle la phase d'appariement.

Dans notre étude et dans un premier temps, nous nous sommes intéressés au calibrage d'un système composé d'une seule caméra. La méthode d'étalonnage proposée consiste à la recherche des paramètres d'un modèle de caméra en utilisant la distance focale et les dimensions des pixels de la caméra ainsi que plusieurs prises de vue de la mire, constituée par une matrice de points.

Les résultats trouvés par ce modèle nécessitent encore de la perfection puisque l'ensemble des paramètres de la caméra n'est pas optimisé en une seule étape.

Dans le futur, nous envisageons l'application de l'auto-étalonnage sur un système à deux caméras. Dans le même contexte et dans le but de mesurer les trois composantes de la vitesse, un système stéréoscopique de vélocimétrie par imagerie de particules est en cours de développement et sera appliqué à l'étude de l'écoulement du jet d'air.

5.5 Conclusion

Notre thèse confirme l'intérêt des recherches interdisciplinaires. Tout d'abord, les échanges entre électroniciens pour les systèmes d'acquisition, informaticiens pour les traitements des images et mécaniciens des fluides pour l'étude des écoulements, ont permis d'explorer de nouvelles pistes, aussi bien en acquisition et traitement d'images, qu'en mécanique des fluides. Ensuite, la réalisation d'un système expérimental fiable est intéressant d'un point de vue recherche, d'une part, en traitement d'images, car cette réalisation permet de valider des outils de recherche et donne des moyens pour utiliser ces outils à plus grande échelle, d'autre part en mécanique des fluides, où cette réalisation atteste de l'importance des visualisations dans la compréhension des phénomènes physiques, et montre l'intérêt des outils d'imagerie dans la métrologie en mécanique des fluides.

Références bibliographiques

[Ben Aissia 2000] BEN AISSIA H., ZAOUALI Y., JAY J., FOURNEL T. et GERVAIS P.
Etude expérimentale par visualisation et Anémomètrie Laser Doppler d'un jet axisymétrique
Les Annales Maghrébines de l'Ingénieur, vol. 14, n° 2, pp. 29-38, 2000

[Crow 1971]   CROW S. C. and CHAMPAGNE F. H.
Orderly structure in jet turbulence
Journal of Fluid Mechanics, vol. 48, pp. 547, 1971

[Lee 2003]   Lee S. J. and Yoon J. H.
Stereoscopic PIV Measurement of Elliptic Jets
The Fourth Symposium on Flow Visualization and Image Processing, Chamonix, France, 3-5 June 2003

[Liepmann 1992] Liepmann. D. and Gharib M.
The role of streamwise vorticity in the near-field entrainment of round jets
Journal of Fluid Mechanics, vol. 245, pp. 643-668, 1992

Zeitfracht Medien GmbH
Ferdinand-Jühlke-Straße 7
99095 Erfurt, Deutschland
produktsicherheit@kolibri360.de

Druck:
CPI Druckdienstleistungen GmbH
im Auftrag der
Zeitfracht Medien GmbH
Ein Unternehmen der Zeitfracht - Gruppe
Ferdinand-Jühlke-Str. 7
99095 Erfurt